18 Jahre und 8 Monate im Bergbau, davon 15 Jahre und 6 Monate im

Tagebau Delitzsch-Südwest

Erinnerungen

von

Bernd Pache

Impressum

Umschlaggestaltung: Harald Rockstuhl

Titelbild: Aus dem Inhalt

Umschlagrückseite: Karte aus dem Katalog: Tagebaue der DDR, Seite 103

Bilder Seite 105,115 und letzte Umschlagseite mit freundlicher Genehmigung der LMBV.

1. Auflage 2023

ISBN 978-3-95966-680-0

Innenlayout: Berne Pache

Druck und Bindearbeiten erfolgen in Deutschland

Gedruckt auf alterungsbeständigem Papier nach ISO 9706

Die Deutsche Nationalbibliothek verzeichnet diese Publikation in der Deutschen Nationalbibliografie. Detaillierte bibliografische Daten sind im Internet unter *http://dnb.d-nb.de* abrufbar.

Inhaber: Harald Rockstuhl
Mitglied des Börsenvereins des Deutschen Buchhandels e.V.
Lange Brüdergasse 12 in D-99947 Bad Langensalza/Thüringen
Telefon: 03603 / 81 22 46 Telefax: 03603 / 81 22 47
www.verlag-rockstuhl.de

Inhaltsverzeichnis

Vorwort zur II. Auflage

Als ich 2005 begann meine Erinnerungen an meine Tätigkeit im Tagebau Delitzsch-Südwest aufzufrischen, aufzuschreiben und an den Originalschauplätzen Bilder vom Istzustand machte war bereits die Idee geboren, die einzelnen „Abschnitte" in eine Sammlung zusammenzufassen. Ich sprach auch weitere ehemalige Kollegen an, mir zu folgen, eine markante Geschichte, an die sie sich erinnern, aufzuschreiben. Ich dachte da insbesondere an Projekte, die während meiner Grundwehrdienstzeit in der NVA im Tagebau abgelaufen waren, gerade in der Anfangsphase eines Tagebauaufschlusses sind 18 Monate ein Zeitabschnitt, wo vieles passierte. Es gelang mir jedoch nicht, die Angesprochenen zu begeistern. Somit stellte ich die Einzelerinnerungen „Freiheit III, „Baggertransport 282, 549", „Loberverlegung zwischen Döbernitz und Brodau" und „Elektrifizierung der Ostkurve Delitzsch als gemeinsames Projekt BKK Bitterfeld und Deutsche Reichsbahn" in der hier vorliegenden Form komplett mit Bildern fertig und speicherte sie zunächst im Computer ab.

Mitte November 2020 erkrankten meine Frau und ich am Corona-Virus. Die ersten 10 Tage waren die bisher schwersten in meinem Leben, eine unbeschreibliche Schwäche, dagegen war eine 1995 durchgemachte Lungenentzündung ein wahres Kinderspiel. In diesen 10 Tagen verlor ich 8,5 kg an Gewicht, ich war einfach zu schwach zum Essen. Auch danach ging es mit der Genesung nur sehr schleppend voran. Etwa Mitte Januar 2021, nach fast zwei Monaten Corona, ging es sehr langsam bergauf. Da ich trotzdem erheblich unter den Folgen der Erkrankung litt, wurden im nachfolgenden Zeitraum alle nur möglichen und mir vorher unbekannten Untersuchungen u.a. an Herz, Kopf und Lunge durchgeführt. Die Untersuchungen ergaben zwar ein positives, im Sinne von gesundes, Bild dieser Organe, meine Folgeprobleme blieben jedoch nahezu unverändert – Kopfschmerzen, Konzentrationsprobleme, schnelle Ermüdung, alles Dinge, wie ich sie so überhaupt nicht kannte. Das bedeutete für mich sehr viel ruhen im Fernsehsessel und dabei viel Gedanken, auch zum 2005 begonnenen Projekt meiner Erinnerungen an den Tagebau Delitzsch-Südwest. Zunächst schrieb ich die mir einfallenden Ereignisse und Stichpunkte dazu auf, dann später die Niederschrift dieser Erinnerungen am Computer, oftmals nur eine Seite am Tag, für mehr reichte die Kraft (Konzentration) nicht. Aber es wurden immer mehr Episoden, die mir einfielen, teilweise erkundigte ich mich bei den ehemaligen Kollegen Otto Lehmann, Klaus Srednicki und Frank Massinger sowohl schriftlich als auch am Telefon nach Dingen, wo ich mir bezüglich des Ablaufes nicht ganz sicher war. Etwa im Zeitraum Juni bis November 2021 hatte ich ca. 90 Seiten des vorliegenden Buches fertiggestellt und setzte mich mit der Druckerei Wieprich in Dessau in Verbindung, mit meiner Vorstellung, vom bisher fertiggestellten Teil ein Probeexemplar in geringer Auflage drucken zu lassen, mit dem Hintergedanken, dieses Exemplar von „Testlesern", u.a. den bereits im Vorfeld helfenden Kollegen, zuzusenden, mit konkreten Fragestellungen zu Rechtschreibung, Grammatik, Schrift und Buchgröße, aber auch zu den konkreten Erinnerungen. Mit der Druckerei hatte ich vereinbart, den Druck erst im neuen Jahr zu starten wegen des anliegenden Weihnachtsgeschäftes, dies verzögerte sich noch etwas, aber Ende März hatte ich die Probeexemplare vorliegen und konnte sie mit einem entsprechenden Fragenkatalog an meine „Testleser" versenden. Zwischenzeitlich habe ich weitergeschrieben, Mitte April hatte ich 150 Seiten fertiggestellt. Langsam trafen auch die Antworten auf meine Fragen und Korrekturen ein, so dass ich die Erkenntnisse hier im Buch einarbeiten konnte. Erstaunlicherweise beantworteten mehrere meiner

Testleser die Frage, ob ich hier sowohl meine Abschlussarbeit der Lehre als auch meine Ingenieurarbeit als Anlage anfügen solle mit ja. Auch weitergehende Angaben zu technischen Daten der hauptsächlich von mir bedienten Maschinen wie T 100 M3, EO 3322 A, Belas 540 und W 50 LA/A sollten mit rein. Ich habe aber davon Abstand genommen, die hauptsächlichen Angaben zu den Maschinen und Fahrzeugen stehen im Glossar, wer sich tatsächlich meine Abschlussarbeiten Lehre und Studium ansehen möchte, kann diese gern bei mir anfordern. Mein ausdrücklicher Dank nochmals an die Testleser Frau Gerlinde Reime und die Herren Klaus Srednicki, Otto Lehmann, Frank Massinger, Hartmut Grabmann und Matthias Krabbes. Sehr freuen würde ich mich, wenn dieses Buch von ehemaligen Kollegen gelesen wird und diese sich mit der Bereitschaft für ein Zeitzeugeninterview bei mir melden würden. So und nun viel Spass bei der hoffentlich interessanten Lektüre.

Vorwort

Immer wenn ich mit dem PKW aus Delitzsch in Richtung Autobahn A 9 in südliche Richtung fahre und von der Schkeuditzer Straße, der ehemaligen Gertitzer Straße in die seit 15.12.1993 in Carl-Friedrich-Benz-Straße umbenannte Straße durch das Gewerbegebiet Delitzsch-Südwest einbiege, erzähle ich meinen Kindern und Enkeln, dass ich einst genau diese Straße gebaut habe.

Straßenschilder Foto Bernd Pache

So wirklich verstehen können sie natürlich nicht, wie ich das wohl meine, aber genau dann beschäftige ich mich gedanklich mit der einen oder anderen Erinnerung an meine Tätigkeit im Tagebau Delitzsch-Südwest. Und da kommt insbesondere aus den ersten Jahren einiges zusammen. Vermutlich erinnere ich mich so gut daran, weil es für mich prägend war und mir diese Arbeiten sehr viel Spaß bereitet haben. Obwohl oder gerade, weil ich weiß, wie oft auch geflucht wurde, man gefroren hat und im Moment der Situation die Schnauze richtig voll hatte. Das Gehirn und das Gedächtnis sind nun mal so konstruiert, dass man im Nachhinein die negativen Dinge ausblendet und nur noch das Positive sieht. In der Psychologie wird das Autobiographische Gedächtnis als Erinnerungshügel bezeichnet, wonach sich Menschen insbesondere an die Episoden in ihrem Leben im Zeitraum zwischen dem 10. und dem 30. Lebensjahr besonders gut erinnern. Das in diesem Buch Erzählte basiert auf meinen Erinnerungen, Bildern und persönlichen Originaldokumenten. Alle Erinnerungen sind natürlich rein subjektiv, einige der Schilderungen habe ich von ehemaligen Kollegen prüfen, korrigieren und teilweise ergänzen lassen. Und natürlich gilt auch, mit den Jahren verblassen die Erinnerungen...

Von Jean-Paul, dem deutschen Schriftsteller (* 21.03.1763 † 14.11.1825), gibt es über das Buch folgendes Zitat: „Bücher sind nur dickere Briefe an Freunde". Wie wahr.

Einführung

Wussten Sie schon? Die ersten Berichte über Kohlen sind bereits aus der Antike bekannt. Jedoch erst im 19. Jahrhundert konnte ihre Entstehung aus Pflanzen vergangener geologischer Zeiten wissenschaftlich nachgewiesen werden. Gegenwärtig besitzen Kohlen eine hervorragende wirtschaftliche Bedeutung. Auch in der Zukunft werden sie eine nicht zu unterschätzende Rolle als Rohstofflieferant für die chemische Industrie und als Energieträger spielen. (1)

Weit zurückreichend im Mittelalter gab es in Deutschland erste Nutzungsvarianten der Braunkohle, jedoch gab man für die Eisenindustrie und Feuerung der Holzkohle bzw. dem Holz sowie der Steinkohle den Vorzug. Erst als die Holzvorkommen (Wälder) stark dezimiert waren, etwa ab dem 18. Jahrhundert, gab es zunehmend Versuche, Braunkohle auch für die Nutzung zur Feuerung im Haushalt, in der Zuckerindustrie und letztlich in der sich entwickelnden chemischen Industrie einzusetzen. Die Nutzung entwickelte sich parallel zum Einsatz der Steinkohle.

Für die Wirtschaft der DDR war die Braunkohle der wichtigste Primärenergieträger und Rohstoff Nummer 1. Dies ergab sich aus den Folgen des zweiten Weltkrieges und der Abspaltung der Steinkohleförderung im Ruhrgebiet (bis auf anfänglich noch geringe Mengen, die im Zwickauer Revier gefördert wurden). Der Anteil der Steinkohle am Energieverbrauch Ostdeutschlands betrug bis 1945 etwa 25%, der Anteil der Förderung deutlich unter 5%. Unter den politischen und wirtschaftlichen Verhältnissen in der DDR erlangte die Braunkohle eine herausragende Rolle als Energieträger und Rohstoff. Es waren nicht in erster Linie Gesichtspunkte der Wirtschaftlichkeit, die dem Primärenergieträger Braunkohle in der DDR einen Vorrang eingeräumt haben. Es waren Autarkiebestrebungen und der Mangel an frei konvertierbarer Währung und die damit eingeschränkten Möglichkeiten der Einfuhr von Erdöl und Erdgas. Bedingt durch die Existenz zweier völlig konträrer politischer Weltsysteme war eine extrem einseitig ausgerichtete Energieversorgung zustande gekommen, in der ca. 70 % des Gesamtprimärenergieverbrauchs und rund 80 % der Elektroenergieerzeugung von der Braunkohle beherrscht wurden. Somit war die Braunkohle als Basis der Energiewirtschaft Ostdeutschlands der wichtigste Industriezweig. Und dabei spielte der Braunkohlenbergbau im mitteldeutschen Revier eine herausragende Rolle. Waren es zum Beginn der Industrialisierung die Standorte, wo große Wassermühlen für die Bereitstellung von Energie für die Textilverarbeitung und Papierfabriken sorgen konnten, waren es für die chemische Industrie Standorte mit Braunkohlenvorkommen. Schon nach dem ersten Weltkrieg entwickelte sich die chemische Industrie an den Standorten Bitterfeld/Wolfen sowie Leuna/Schkopau auf der Basis von Braunkohle zum Beispiel für die Herstellung synthetischer Kraftstoffe und Kautschuk. Die Chemischen Betriebe, Kraftwerke, Schwelereien und Brikettfabriken entstanden stets in der Nähe der Braunkohletagebaue. So auch u.a. die Kraftwerke Zschornewitz, Bitterfeld, Muldenstein und Vockerode, die lange Zeit mit Kohle aus dem Bitterfelder Revier, später dann zunehmend mit Kohle aus dem Tagebau Delitzsch-Südwest versorgt wurden. Mit einer Jahresförderung von 312 Mill. Tonnen Rohbraunkohle steht die DDR 1985 an der Spitze der Braunkohleförderländer der Erde.

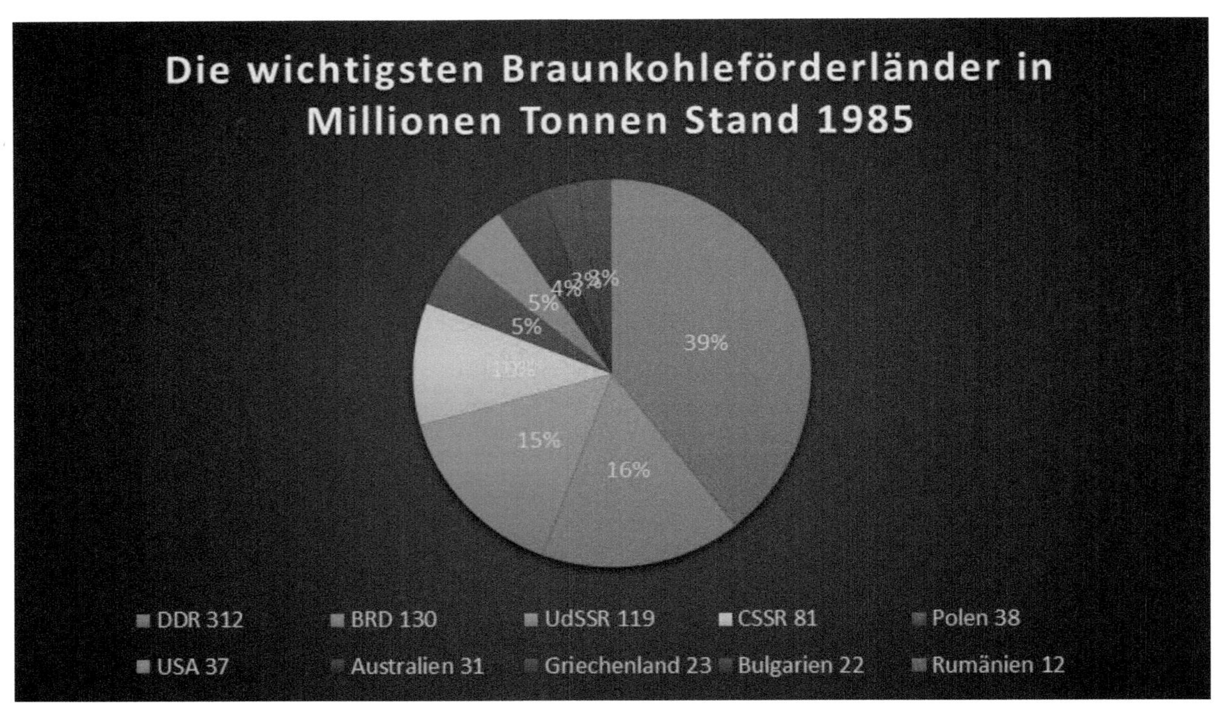

In einer Dokumentation der Zeitschrift Jugend und Technik vom Juli 1976 ist der Anteil der Energieträger an der Elektroenergieerzeugung in der DDR sehr gut dargestellt.

Kohle- und Energiewirtschaft

„Die Kohle- und Energiewirtschaft hat die Aufgabe, mit der wachsenden Bereitstellung von Brennstoffen und Energie durch maximale Nutzung der eigenen Roh- und Brennstoffressourcen den Bedarf der Bevölkerung zu decken und das planmäßige Wachstum sowie die Intensivierung in allen Zweigen der Volkswirtschaft zu sichern." (Direktive des IX. Parteitages der SED zur Entwicklung der Volkswirtschaft 1976 bis 1980)

Im Fünfjahrplanzeitraum 1971 bis 1975 wurde die Entwicklung der Energiewirtschaft wirkungsvoll gefördert. Für sie wurden 30 Prozent der Investitionen der Industrie, etwa 25 Milliarden Mark zur Verfügung gestellt.
Etwa ein Drittel der heute vorhandenen Kraftwerkskapazitäten wurde nach dem VIII. Parteitag geschaffen.
1980 soll die Elektroenergieerzeugung 104 ... 109 Md. kWh erreichen. Die Investitionen werden gegenüber dem vergangenen Fünfjahrplanzeitraum um 20 Prozent steigen.

Den wesentlichsten Anteil des Kapazitätszuwachses haben die Braunkohlenkraftwerke Hagenwerder und Boxberg sowie das Kernkraftwerk „Bruno Leuschner".

Anteil der Energieträger an der Elektroenergieerzeugung in der DDR:

	1970	1974
Steinkohle	1,4	0,8
Rohbraunkohle	83,2	81,3
Braunkohlen-Briketts	1,8	1,0
Wasserkraft	1,8	1,6
Mineralöl	2,6	3,5
Sonstige Brennstoffe	9,1	11,8

Der Hauptenergieträger bleibt bis 1980 und darüber hinaus die Rohbraunkohle.
Das jährliche Aufkommen steigt auf:

1980	250 ... 254 Mill. t
1990	270 Mill. t

Das erfordert u. a. den Neuaufschluß von

Abb. links Mit der Übernahme des zwölften 210-MW-Blockes am 6. Dezember 1975 in den Dauerbetrieb ist das Jugendkraftwerk „Deutsch-sowjetische Freundschaft" Boxberg der größte Elektroenergieerzeuger der DDR
Abb.: ADN-ZB

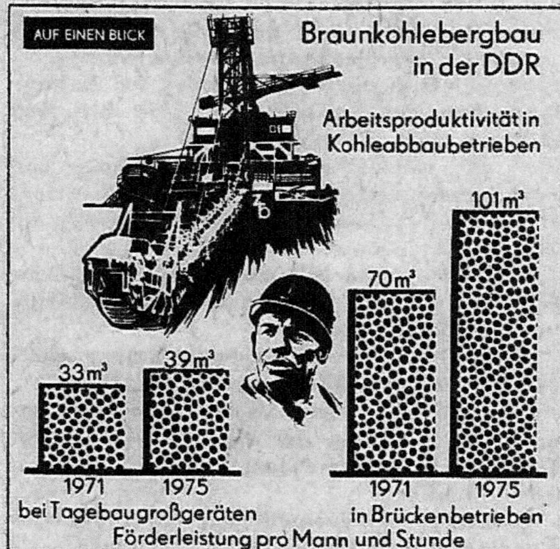

18 Tagebauen, darunter Delitzsch-Südwest, Groitzscher Dreieck, Cospuden II, Gräbendorf, Cottbus-Nord, Jänschwalde, Bärwalde-West, Reichwalde-Süd.

Die Investitionen für einen Tagebauaufschluß betragen 500 Mill. Mark bis 1 Md. Mark. Für den Tagebau Greifenhain – Gesamtfläche 48 km², geplante jährliche Fördermenge 14 Mill. t, Nutzungszeitraum 13 Jahre – wurden 810 Mill. Mark benötigt.

Das Verhältnis Kohle zu Abraum wird ungünstiger:

1972	1975	1980	1985	1990
1 : 3,7	1 : 3,9	1 : 4,5	1 : 4,8	1 : 5,2

Um trotzdem möglichst kostengünstig Kohle zu fördern, sind

1. die Leistungsfähigkeit der Förderanlagen zu steigern und ihre Auslastung weiter zu erhöhen;
2. alle Möglichkeiten, den Abraum als Rohstoff zu nutzen, voll auszuschöpfen.

In den mächtigen Deckgebirgen, aber auch unter den Kohleflözen lagern beträchtliche Rohstoffmengen an Sanden, Kiesen, Tonen und Kaolin. Bereits 1974 wurden gefördert:

1,00 Mill. t Kiessande aus den Tagebauen Profen-Nord, Goitsche, Espenhain und Merseburg-Ost
0,50 Mill. t Tone aus den Tagebauen Haselbach, Goitsche und Pirkau
0,05 Mill. t Kaolin aus dem Tagebau Amsdorf
0,12 Mill. t Glassand aus dem Tagebau Koschen
und beträchtliche Mengen Formsande aus dem Tagebau Schleenhain

Abnehmer dieser einheimischen Rohstoffe sind die Baumaterialienindustrie für die Ziegel-, Klinker- und Steinzeugherstellung, die Feuerfest- und Keramische Industrie sowie die Gießereiindustrie. Noch sind große Reserven an Begleitrohstoffen der Kohle vorhanden. Bei der Erkundung neuer Lagerstätten wird von vornherein auch das Vorhandensein solcher Rohstoffe untersucht. Auch das ist eine Voraussetzung, die einheimischen Rohstoffe stärker zu nutzen.

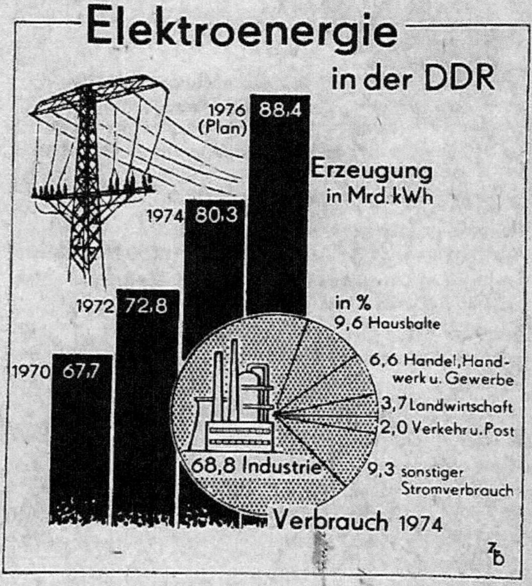

Das Braunkohlenrevier um Halle-Bitterfeld-Leipzig-Borna-Zeitz-Altenburg war das zweitgrößte Förderfeld der DDR. (2)

Im Bereich der Städte Wolfen und Bitterfeld war nahezu die gesamte förderfähige Braunkohle abgebaut. Es war daher gewissermaßen zwanghaft erforderlich, die Kohleförderung in räumlicher Nähe zu den Abnehmern des Produktes zu erweitern. Zudem mussten die geologischen Bedingungen einen wirtschaftlichen Abbau ermöglichen. Dies war südlich von Bitterfeld im Kreis Delitzsch möglich. Für nähere und ausführliche Informationen zum Bergbau im Bitterfelder Revier empfehle ich die „CHRONIK" des Braunkohlenbergbaus im Revier Bitterfeld Seite 138 bis Seite 167 „Die Tagebaue Deutsche Grube, Theodor und Pistor" von Dipl.-Ing. oec. Manfred Knorr, Sandersdorf.

Im Bereich des Kreises Delitzsch hatte man bereits 1847 die erste Kohle westlich von Delitzsch (Pohritzsch) gefördert. Weitere Abbauversuche erfolgten 1855 auf Delitzscher und 1893 auf Paupitzscher Gemarkung. (3) In 20 Meter Tiefe die Braunkohle in Delitzsch im Tiefbau zu gewinnen musste wiedereingestellt werden, da die mit dem Wasser verbundenen Probleme nicht beherrschbar waren. Die damalige Grube „Gemeinsinn" befand sich im Bereich des heutigen Schachtwegs in Delitzsch.

In den Nachkriegsjahren des II. Weltkrieges wurde zwischen Paupitzsch und Petersroda ein Nothilfetagebau in der „Grube Ludwig" eröffnet. Dort konnte sich die Bevölkerung von Delitzsch selbst mit Kohle versorgen. Sie musste selbst abgebaut, in Säcke abgefüllt und per Handwagen und zu Fuß in die Stadt transportiert werden. (13)

Bild aus DELITZSCH Alte Bilder Erzählen Manfred Wilde Seite 109

Im August 1967 (andere Quellen sprechen vom Zeitraum 1962 bis 1965) erfolgte die Bemusterung und petrologisch-technologische Untersuchung von 10 Kernbohrungen in dem Kohlenfeld Delitzsch-Südwest für den VEB Geologische Erkundungen Süd. (4)

1972/73 erfolgte im ersten Feldes Teil die Abbohrung auf das 141 C1 Meter Bohr Netz, damit war die eingehende Erkundung abgeschlossen.

Das Büro für Bergbauangelegenheiten bei der Bezirksplankommission Leipzig wurde auf Beschluss des Rates des Bezirkes Leipzig vom 26. Januar 1973 geschaffen.

Es sollte die Aufgaben, die im Berggesetz vom 12. Mai 1969 für den Rat des Bezirkes Leipzig festgelegt waren, realisieren. Schwerpunkt seiner Tätigkeit waren Planung und Organisierung der Zusammenarbeit zwischen den staatlichen, wirtschaftsleitenden und wissenschaftlich-technischen Organen sowie den Kombinaten und Betrieben des Bergbaus und der Energiewirtschaft. Weiter war das Büro zuständig für die territoriale Einordnung von Maßnahmen bei Neuaufschlüssen bzw. der Fortführung von Tagebauen.

Grund für die Erweiterung des Braunkohleabbaus in den Delitzscher Raum hinein war das Auslaufen mehrerer Tagebaue im Bitterfelder Revier.

Mit der Bestätigung der Investorenentscheidung vom 19.11.1971 durch den Minister für Kohle und Energie, mit dem Beschluss des Präsidiums des Ministerrates 02/29/3/72 vom 09.08./11.09.1972 und dem Beschluss 38/73 des Rates des Bezirkes Leipzig vom 23.03.1973 wurde die Standortgenehmigung für den Tagebau Delitzsch-Südwest erteilt. (5)

Lesen Sie nach, welche Erinnerungen mich mit dieser Zeit verbinden, einer sehr sehr schönen, aber auch anstrengenden Zeit.

TEIL I: Lehrzeit oder wie alles begann

Der Weg zum Lehrling im BKK Bitterfeld war holprig und in gewisser Weise ein für mich typischer Weg. Gemeint ist damit, dass ich es mir sehr oft, sicher öfter als nötig und sinnvoll, auch in meinem späteren Leben selbst schwergemacht habe. Zumindest ist es erwähnenswert, wie ich zur Lehrstelle und somit zur Tätigkeit im VEB BKK Bitterfeld gekommen bin.

Meine Hauptinteressen als Jugendlicher waren Fahrzeuge, Motoren, Radiogeräte, man kann auch sagen Technik. Angesteckt, vererbt war das sicherlich. Mein Vater hat den Beruf des Autoschlossers gelernt beim OPEL Händler Schumann in Delitzsch in der Dübener Straße. Sein Wohnort war zu diesem Zeitraum der Ort Brodau, südlich von Delitzsch. Oft und immer wieder mit großem Interesse habe ich mir die Geschichten aus dieser Zeit angehört. Da war das mit dem Tanken oder dem Benzin, wie immer man das sehen will. Zum Opelhändler gehörten natürlich eine Werkstatt und eine Tankstelle. Tankdienst, wie es genannt wurde, mussten, wann immer machbar, die Lehrlinge machen. Mit einer Handflügelpumpe wurde Benzin in große Vorratsbehälter aus Glas gepumpt (Handpumpen-Säulen) und wenn diese gefüllt waren, es waren immer zwei Vorratsbehälter nebeneinander, wurde ein Umschalthebel zwischen den Behältern betätigt und das Benzin konnte durch Schlauch und Zapfpistole in den Fahrzeugtank gelangen. Und hier war der „Trick", der Grund weshalb das Tanken bei den Lehrlingen überhaupt nicht unbeliebt war. Mit dem entsprechenden Geschick – und das hatte mein Vater – konnte man die Zapfpistole schließen, wenn die Vorratsbehälter sichtlich leer waren. Und nun der „Effekt". Im Schlauch befand sich immer noch etwas Benzin, daher 20-mal am Tag den geringen Inhalt des Schlauches im Kanister gesammelt und man konnte wohl kostenlos selbst ein Fahrzeug betreiben. Mein Vater fuhr zu diesem Zeitpunkt eine DKW E 200. Betonung beim Erzählen von diesem Motorrad war, dass sie Riementrieb hatte. Sicher auch sehr interessant für einen jungen Menschen war die Überführung von OPEL-Neuwagen aus dem Werk in Rüsselsheim nach Delitzsch. Das lief so ab, dass man mit der Bahn über Nacht nach Rüsselsheim fuhr und dort mit einem „ordentlichen Frühstück" versorgt wurde. Danach wurden Fahrzeuge und Papiere übernommen und ab ging die Fahrt nach Delitzsch. Zwei Dinge waren damals Anfang 1930 noch anders als heute. Es gab keine Autobahnen und die Vergaser der Fahrzeuge waren plombiert in der Weise, dass man nicht schneller als 60 km/h fahren konnte. Der Spaß, den man sich bei passender Gelegenheit gegönnt hat, war auf entsprechenden Gefällestrecken die Kupplung zu treten und somit das Fahrzeug schneller rollen zu lassen als 60 km/h. Leicht ironisch erzählte er davon, dass er öfter den Auftrag bekam, den Unternehmersohn Schumann vom Haus in der Securiusstraße abzuholen und zur Schule zu bringen. Meistens war es dann wohl die Hauptaufgabe, den Burschen zu wecken. Auf jeden Fall habe ich den Sohn später noch kennengelernt, als für mich alten Mann mit erheblicher Leibesfülle und als Tankwart der Minol. Eine Handpumpe war noch im Betrieb und Herr Schumann betankte damit vorwiegend Zweiradfahrzeuge, so auch meinen SR 2 E.

Dazu kamen Beruf und Hobbys meines Bruders. Ebenfalls als Kraftfahrzeugschlosser ausgebildet und lange als Schlosser für Dieselmotoren tätig, war sein Hobby in früher Jugend Funktechnik und Radio Bau, später aktiv K-Wagen Rennsport.

Mit meinem großen Interesse für beide „Fachrichtungen" bewarb ich mich bei den beiden in Frage kommenden Betrieben in Delitzsch, der PGH Elektro Rundfunk

Fernsehen und der PGH Kraftfahrzeuge. Jedoch, wie nicht anders zu erwarten, erfolgte die Vergabe von Lehrstellen auf der Basis der persönlichen Beziehungen. So war es bei der Bewerbung zum Rundfunk- und Fernsehmechaniker, so war es bei der Bewerbung zum Kfz-Schlosser. Besonders bitter – eine Lehrstelle als Kfz-Schlosser bekam mein Klassenkamerad und Banknachbar Matthias Kutzner, sein Vater war der Direktor der örtlichen Genossenschaftsbank.

Nach diesen Absagen orientierte sich meine Aufmerksamkeit an einigen Klassenkameraden, die wohl problemlos eine Lehrstelle „auf der Grube" in Bitterfeld gefunden hatten. Ich bewarb mich also auch dort für eine Lehrstelle als Instandhaltungsmechaniker (Nähe zum Schlosser) und bekam prompt eine Zusage. Im Sommer 1974 bekam der Prozess zum Lehrling noch mal einen leichten Anstoß. Bei dem damals üblichen großen Polterabend vor der Hochzeit des Nachbarn Rolf Große, er war Mitarbeiter der PGH Kraftfahrzeuge, trafen sich der Vorsitzende der PGH Herr Willibald Müller und mein Vater. Und beide kannten sich sehr gut von ihrer Tätigkeit im Bereich Auto vor dem Krieg und mein Vater berichtete von meinem vergeblichen Versuch, als Lehrling bei der PGH Kraftfahrzeuge zu „landen". Da kam dann vom Herrn Müller, ich solle mich doch kommende Woche bei ihm melden. Da kann man bestimmt noch was machen. Ich weiß nicht wie ernst das gewesen ist, habe es auch gar nicht erst probiert. Ich hatte beim BKK Bitterfeld zugesagt und mein Bauchgefühl sagte mir, bleib dabei.

So begann dann am 01.09.1974 meine Lehre zum Instandhaltungsmechaniker im BKK Bitterfeld. Meine Lehrklasse, IM 74 C war eine von drei Klassen dieses Jahrganges zum Instandhaltungsmechaniker. Die Klasse mit dem „A" bedeutete Abitur. Ähnlich strukturiert waren die Lehrklassen der Elektriker, dazu kamen Gleisbau und weitere Ausbildungsberufe. Insgesamt ca. 450 Lehrlinge waren an der Betriebsberufsschule. Der September 1974 war „typisch", was das Wetter angeht. Morgens recht kühl, mittags dann sehr warm. Immer abwechselnd erfolgte im 1. Lehrjahr die Ausbildung eine Woche in der Betriebsberufsschule, eine Woche in der Lehrwerkstatt. In der Lehrwerkstatt bedeutete das, drei Monate nur feilen. Neben den Blasen an den Händen hatte das noch einen besonderen Schliff, einer der beiden Lehrausbilder, Frank Baumann hatte seine Berufsausbildung im Jagdwaffenwerk Suhl „genossen". Dort hat man wohl im kompletten ersten Jahr nur gefeilt, ob es stimmt, wir konnten es nicht nachprüfen. Auf jeden Fall wurde uns entsprechende Disziplin und Ausdauer abverlangt. „Gesellenstück" nach drei Monaten war ein selbst hergestellter Winkel. Dazu wurden zwei Flacheisen vom Lehrmeister im rechten Winkel zusammengeschweißt. An diesem Stück hatten wir dann die Aufgabe, sämtliche Flächen zu bearbeiten und alle Winkel in exakt 90° zu fertigen, einschließlich der Prüfung der flachen Oberflächen auf einer Tuschier Platte. Aber auch die vorgegebenen Maße galt es herzustellen, andere Bearbeitungsformen als Feilen waren nicht vorgesehen. So mussten dann einige Millimeter bis zur gewünschten Schenkellänge abgefeilt werden. Die Schleifmaschine war in diesem Zeitraum gesperrt. Nach dem überstandenen ersten Vierteljahr erfolgte die weitere Ausbildung im Bohren, Hobeln, Drehen im Drehmaschinenkabinett, Blechbearbeitung, Rohre biegen, Brennschneiden und schweißen, dies jedoch nur Autogen.

Auch ein Schmiedefeuer war in der sehr großzügigen Lehrwerkstatt vorhanden, schmieden jedoch gehörte nicht mehr zum Lehrplan. Wir konnten dennoch den Lehrmeister, der ursprünglich für die Schmied-Ausbildung verantwortlich zeichnete, überzeugen, uns mal ran zu lassen. Das war sehr interessant. In Erinnerung ist mir geblieben der 90° Winkel, den man im Arm haben musste um an ein Rohr eine ordentliche Spitze zu schmieden. Das wurde dann auch gleich genutzt für das Standrohr des ersten selbst gebauten Holzkohlegrills.

Ein wesentlicher Bestandteil der Lehrausbildung war jedoch auch die Fertigung von Podesten für Krane und Förderanlagen. Dazu gab es Planvorgaben und die waren nicht ohne. Dabei lernten wir aber schnell eine effektive Arbeitsweise, es hat auch sehr viel Spaß gemacht, nach Schichtende die Anzahl der fertigen Produkte stehen zu sehen. Alles Gelernte konnte sofort in Anwendung gehen, Rohre biegen, Bleche schneiden, Vorrichtungsbau, Heften, Farbgebung, Qualitätskontrolle. Nur die Schweißarbeiten selbst wurden von geprüften Schweißern gemacht, auf den Podesten sollten ja später Menschen stehen und das sollte sicher sein. Auch wurden – nicht gerade zentral in der Lehrwerkstatt – Garagentore aus VA Blech gefertigt für die Lehrmeister, die gerade am Sportplatz Bitterfeld in Richtung Niemegk Garagen bauten. Damit das Material nicht erkannt werden konnte, wurden die Bleche unmittelbar einer Farbgebung unterzogen.

In den Schulferien der Schulen waren auch für uns an der Betriebsberufsschule Ferien, zumindest für den Februar 1975 erinnere ich mich daran. Dann erfolgte der Einsatz in der Lehrwerkstatt in 2 Schichten.

Im Juni 1975 feierte ich mit Freunden, Kollegen und Bekannten meines Bruders dessen 30. Geburtstag im Biergarten der Gaststätte Elberitzmühle Delitzsch. Der Biergarten mit altem Kastanienbaumbestand, das Wetter sommerlich, das Bier kühl und süffig. Am kommenden Morgen, dem 12. Juni war der Durst sehr groß. Das Ziel Lehrwerkstatt führte uns in Bitterfeld an einer KONSUM-Verkaufsstelle vorbei. Früh standen da immer die Milchkästen aus verzinktem Metall davor. Zwei Flaschen à 0,5 Liter mit dem damals üblichen Aluminiumverschluss wechselten in meinen Besitz und waren unmittelbar leer getrunken. Die kühle Milch, gleich ein Liter und der angeschlagene Magen, das vertrug sich nicht. Während einer Lehrunterweisung im Klassenraum des obersten Stockwerks der Lehrwerkstatt sprang ich plötzlich auf, eilte zum hinter mir bereits geöffneten Fenster und entließ den gesamten Mageninhalt nach draußen. Mit der Treffsicherheit war es aber nicht weit her, einiges landete eine Etage weiter unten auf dem Fensterbrett. Mein Lehrmeister Manfred Titze hatte doch recht viel Verständnis, nahm mich in der Pause mit nach unten, gab mir mit einem Eimer und einem Wischlappen die Gelegenheit, den Schaden zu beseitigen. Damit war es das, nur die Kopfschmerzen blieben mir noch lange erhalten.

Mit Beginn des 2. Lehrjahres erfolgte der Einsatz in unterschiedlichen Werkstätten im Kombinatsbetrieb. In der ersten Hälfte des 2. Lehrjahres für jeweils etwa 6 Wochen in der Reihenfolge Abraumwagen Luftanlage (Bremsen und Kippen) Werkstatt I, Kompressor Werkstatt der Werkstatt III, Röhrentrockner Werkstatt Brikettfabrik, Kompressor Werkstatt E-Lok Werkstatt I und in der zweiten Hälfte des 2. Lehrjahres dauerhaft am späteren Arbeitsplatz, siehe auch Beginn des Buches.

Die Werkstatt I in Roitzsch wurde 1940 bis 1942 im Rahmen des Neuaufschlusses des Tagebaues „Gustav-Pistor“ (Roitzscher Grube) gebaut und bestand aus zwei Hallenschiffen. Sie war im Wesentlichen für rollendes Material, E-Loks und Abraumwagen vorgesehen, zum Zeitpunkt meines ersten Einsatzes in dieser Werkstatt wurden neben dem rollenden Material Bandanlagen, Getriebe, Bandtrommeln und Rollen, Eimerketten, Schaufeln für Schaufelradbagger bearbeitet. (8)

Dort erfolgte der erste Einsatz als Lehrling im Außenbetrieb im Bereich der Instandsetzung der 40m^3 Abraumwagen. Grundsätzlich war der Aufbau dieser Abraumwagen von einfacher Natur, sehr viel Stahl und eben etwas „Lufttechnik" für die Bremsanlage und den Kippmechanismus der Selbstentladewagen.

Bild eines 40m^3 Abraumwagen im Technischen Denkmal Brikettfabrik Louise.

Im Wesentlichen waren die Aufgaben als Lehrling Demontagearbeiten von Rohrleitungen, Kippzylindern und Ventilen, Gewindeschneiden an neu zu verlegenden Rohrleitungen, aber auch Hilfestellung bei der Montage neuer Bauteile, und auch die selbständige Montage der Luftschläuche zur Verbindung der Wagen im Zug. Besonderheit bei dem Kippzylinder war, dass durch ihn nur der Haltemechanismus des Abraumwagens entriegelt wurde und der Abraumwagen sich nach dem Entriegeln zur Seite öffnete. Das war das Prinzip des Selbstentladewagens (Schwerkraft) und geschah mit einer ordentlichen Geräuschkulisse und man bekam schon Angst, das riesige Teil würde umkippen, was im Tagebaubetrieb auch schon mal vorkam. Wenn die Koppelstangen zwischen den Wagen nicht brachen, ergab das eine Kettenreaktion und mehrere Wagen kippten um, unter Umständen der komplette Zug mit 16 Wagen.

Die Arbeit war sehr interessant. Unter anderem das Abdichten der Gewindeverbindungen von Rohrleitungen mit Dichtungshanf und einem pastösen Abdichtmittel.

Damit konnte ich bei meinem Vater glänzen. Es gehörte nämlich durchaus zu den Aufgaben in seiner privaten Reparaturwerkstatt, in der er Zweiradfahrzeuge reparierte, solche Arbeiten durchzuführen.

Es gehört aber auch dazu zu erwähnen, dass der Lehrfacharbeiter Herr Mingram doch sehr menschliche Züge hatte. Unter dem Arbeitsplatz befand sich ein Kanal unter dem Werkstattniveau, somit unter den Abraumwagen. Der war zum größten Teil mit Bohlen verschlossen. Darunter befand sich für obenstehende nicht sichtbar, eine größere Menge Putzwolle. Die Putzwolle im Kanal diente als Lager zum „Ausruhen". Ich habe diese Möglichkeit aber selten genutzt. Ebenfalls zur Aufrechterhaltung von Lust und Laune konnte man zu zweit im Abraumwagen Fußball spielen, so von einer Seite zur anderen, also nur zwei Tormänner. Das wiederum war aber anspruchsvoll, der Boden des Abraumwagens war nach dem Prinzip des Selbstentladers ja schräg, das war eine Herausforderung.

Der zweite Einsatzbereich war die Kompressor-Werkstatt im Bereich der Werkstatt III, sie befand sich in Holzweißig im Bereich der Brikettfabrik. Repariert und aufgearbeitet wurden hier Kompressoren für Tagebaugroßgeräte, also sehr leistungsfähige Aggregate. Sehr große Maschinen mit vier Zylindern in V-Anordnung, zwei der Zylinder größer, zwei kleiner. Die größeren waren für die Niederdruckstufe, die kleineren für die Hochdruckstufe. Diese Verdichter arbeiten zyklisch, haben geringe Volumenströme und hohe Druckverhältnisse. Ansaug- und Auslassventil sind automatisch arbeitende Plattenventile. So ist die Definition. Umgangssprachlich wurden die Ventile in der Werkstatt als Flatterventile bezeichnet, ich hatte auch später noch einmal damit zu tun.

Auch in diesem Bereich war die Ausbildung der Lehrlinge sehr praxisnah angelegt. Für den Zeitraum meiner Tätigkeit dort war es meine Aufgabe, einen Kompressor komplett zu überholen. Das bedeutete, auf dem Vorplatz der Werkstatt einen der dort abgelagerten und zur Überholung vorgesehenen Kompressoren mit Hilfe eines Kranes (Kran Bahn) auf einen vierrädrigen Transportwagen zu laden, in die Werkstatt zu transportieren und dort auf dem vorgesehenen Arbeitsplatz abzulegen. Dort wurde er zunächst grob gereinigt, im oberen Bereich von Staub und mineralischem Schmutz, im unteren Bereich die gleichen Anhaftungen, jedoch stark durchmischt mit Öl. Nun war er bereit, komplett demontiert zu werden. Danach wurden alle Teile, die zur weiteren Verwendung vorgesehen waren, in eine Industriewaschmaschine gesteckt und mit hohen Temperaturen und entsprechenden Waschzusätzen gereinigt. Dann wurden im oberen Gehäusebereich die Flatterventile in ihre Sitze mit spezieller Schleifpaste eingeschliffen, händisch, immer in eine Richtung drehend, mit je einem Einlassventil und einem Auslassventil pro Zylinder also insgesamt 8 Ventile, eine Tagesaufgabe also. Der nächste Arbeitsschritt war das Einbauen und somit die Lagerung und Ausrichtung der Kurbelwelle. Hier erfolgte kontrollierende Hilfestellung durch den Werkstattmeister, wobei ich zunächst allein versuchen musste, die Kurbelwelle auszurichten, hat dann aber auch gut funktioniert, sie ließ sich mit recht geringem Kraftaufwand durchdrehen. Unter Anleitung, also Erläuterung der nächsten Arbeitsschritte und Kontrolle eben dieser nach Fertigstellung, konnte ich den kompletten Kompressor fertig montieren. Er musste dann an einer Teststation seine Funktion nachweisen, insbesondere die Dichtheit der Ventile. In einem festgelegten Zeitraum durfte nur ein definiert geringer Druckabfall erfolgen. Das klappte hervorragend, jedoch hatte ich auch eine sehr schmerzliche Erfahrung zu machen. Beim Einbau eines der vier Kolben kippte dieser gegen die obere innere Zylinderkante und genau da war mein linker Daumen. Der Kolben kippte genau dort auf den Daumen, wo der Fingernagel aus dem Fleisch herauskam. Die Schmerzen, unbeschreiblich. Ich hatte ja bereits damals ca. 90 kg Eigengewicht, aber in diesem Moment sprang ich wie eine Feder. Intuitiv rannte ich nach draußen, dort lag Schnee und ich kühlte den Daumen. Ich hatte nicht die Zeit, in die Gesichter meiner Facharbeiter-Kollegen zu schauen, kann mir jedoch denken, wie die schmunzelten. Nachdem ich wieder die Werkstatt betreten hatte, kamen sie mir zur Hilfe. Es ging an eine Ständerbohrmaschine, dort wurde der kleinste verfügbare Bohrer eingespannt und an der betroffenen Stelle in den Fingernagel des Daumens gebohrt. Da quoll bereits leicht geronnenes Blut heraus und damit einher ging Erleichterung. Wie schön war es, als der Schmerz nachließ.

Dritter Einsatzort war die Brikettfabrik (Brifa) Holzweißig im Bereich Instandhaltung Röhrentrockner. Das war hart und schön zugleich zumindest irgendwie. Da war das Wetter, es war Winter. Lange Unterhosen waren Pflicht, obwohl man die als junger Mensch nicht gerade liebte. In diesem Zeitraum waren sie mehr als nützlich. Nicht jedoch, wenn man in einer Brikettfabrik arbeitet, dort herrschen extrem hohe Temperaturen. Und auf dem Weg von der Waschkaue zur Werkstatt und dann wiederum von der Werkstatt zur Brifa selbst war es eben saukalt, in der Werkstatt „normal" und in der Brifa heiß. In der Werkstatt selbst waren alle Gewerke für die Aufrechterhaltung eines reibungslosen Betriebes der Brifa untergebracht. In Nachbarschaft der Röhrentrocknertruppe waren die Pressenschlosser. Dort war es stets interessant zuzusehen, wie in frisch gegossene Weißmetalllager für die Brikettpressen händisch Schmiernuten und mit Bohrern Löcher für den Zufluss für das Schmiermittel hergestellt wurden. Im Bereich Röhrentrockner war nicht viel zu tun, im Wesentlichen Reparatur, Wartung und Zusammenstellen von Werkzeugen für den Röhrentrocknerbereich. In der Zulaufetage der Röhrentrockner in der Brifa hatte man noch einen separaten Werkstattraum, auch nicht groß, ausreichend. Wenn Störungen am Trockner gemeldet waren wurde von dort das Werkzeug geschnappt, meist nur Lufthammer und Druckluftschläuche und es wurde zur entsprechenden Zugangstür, es war eher eine Art Klappe, gegangen. Die häufigste Aufgabe war es, die Passstellen, wo die einzelnen Trocknerrohre in die Stirnwand der Trocknertrommel eingepasst waren, durch kaltes Vernieten wieder dicht zu machen.

Einmal wurde die Aufgabe brenzlig oder besser sehr heiß. Der Antrieb eines Röhrentrockners war ausgefallen und musste so schnell wie möglich gewechselt werden. Der Elektromotor war mit einer drehelastischen Kupplung mit dem Getriebe verbunden und eben diese Kupplung war defekt. Die Konstruktion empfand ich als genial, der Elektromotor war auf Langlöchern auf einer Grundplatte gemeinsamen mit dem Getriebe aufgebaut. Es reichte daher aus, den Motor zu lösen, ihn von der Kupplung wegzuziehen, die kaputten elastischen Teile mit einer Reißnadel rauszupuhlen, die Teile zu erneuern, den Motor wieder ran zuschieben und zu befestigen. Das ging alles sehr zügig, musste es aber auch, der Röhrentrockner war mit mehreren hundert Grad heißem Dampf gefüllt, eine Selbstentzündung der Kohle vorprogrammiert. Wie wichtig der Arbeitsschutzhelm in dieser Situation war, das sollte ich noch zu spüren bekommen. In der kauernden Position hatte der Kopf unmittelbaren Kontakt zum Röhrentrockner, als ich aus der unbequemen Situation unter dem Röhrentrockner hervorkroch, richtete ich meinen Helm, fasste mit der flachen Hand drauf und spürte sofort den Schmerz, ein Teil der Haut blieb am Helm kleben. In der Sanistelle wurde ich schnell versorgt, der Schmerz aber blieb ewig, lange war die Stelle der abgefetzten Haut auch noch erkennbar. Brifa war schon eine heiße Angelegenheit.

Der letzte Einsatz bevor es in den Außenbetrieb ging erfolgte in der Kompressor Werkstatt Roitzsch. Im Werkstattkomplex Roitzsch war ich ja bereits, jetzt erfolgte der Einsatz jedoch in dem Bereich der Kompressoren für Elektrolokomotiven. Neben einer

Achssenke und den technischen Anlagen zur Wartung und Reparatur der Elektrolokomotiven war dort eine separate Werkstatt im Seitenflügel des großen Werkstattbereiches untergebracht. Dort wurden die aus den Elektrolokomotiven ausgebauten Kompressoren in der Regel demontiert und neu aufgebaut. Im Grunde ein Vorgang den ich bereits seit meinem ersten Einsatz in der Kompressoren Werkstatt für Tagebaugroßgeräte kannte. Nur waren die Kompressoren hier etwas kompakter in einer Reihenbauform, ähnlich einem Verbrennungsmotor. In den Wintermonaten, und ich war im Winter dort, war die Demontage der Kompressoren in der E-Lok selbst eine gern gemachte Tätigkeit, so wurden doch die Lokomotiven in der Regel während der Nachtschicht angeliefert, der Bereich um die Kompressoren war zwar eng, aber eben auch warm, man war der Witterung nicht ausgeliefert. Die Demontage erfolgte im Austauschsystem, alter Kompressor raus, überarbeiteter Kompressor rein, damit die Lokomotiven wieder in die Produktion überführt werden konnten. Gern wurden die Lokomotiven für „Versammlungszwecke" genutzt, es war viel Platz im Führerstand und es waren leistungsstarke Heizungen verbaut. Bahnheizkörper die natürlich massig auch den Weg in den privaten Bereich fanden, wurden mit 220 Volt betrieben. Bei diesen „Versammlungen" wurde viel geraucht, die Luft war dünn, aber die Gespräche waren immer interessant. Einmal erzählte Kollege Rudloff, für mich ein alter Kollege, wobei er entsprechend seiner Erzählungen tatsächlich schon 50 Jahre oder älter gewesen sein wird, von seinen Erfahrungen in amerikanischer Gefangenschaft. Dort lebte man im Paradies, Mehl wurde zum Abkreiden des Fußballfeldes genutzt, nur damit die Ration nicht gekürzt wird und Steaks gab es im Überfluss. Zurück aus der Kriegsgefangenschaft in Hamburg haben wir Gras gefressen, so waren seine Worte. Er war verheiratet und hatte die Möglichkeit, in Amerika zu bleiben, ausgeschlagen.

Eine weitere Episode: für einen längeren Zeitraum war die Abteilung Arbeitsnormung im Werkstattbereich unterwegs. Wie die eingesessenen Kollegen damit umgingen weiß ich nicht, sie werden schon ihre Erfahrung gehabt haben. Mich verdonnerte der Meister, mich an einen Arbeitsplatz zu setzen, Ventile (wie ich sie bereits kannte) zum Schleifen bereit zu legen und stets die Eingangstür zur Werkstatt im Auge zu behalten. Immer, wenn die Tür sich bewegte, war es so weit sich wieder mit dem Einschleifen zu beschäftigen.

Bereits im Zeitraum März/April 1976, nach meinem Einsatz beim Baggertransport 282 549, war ich für zwei Wochen in der Hilfsgerätewerkstatt V im Tagebau Holzweißig. Dort wurden nicht schienengebundene Fahrzeuge repariert. Ich sollte mich mit der Technik vertraut machen. In erster Linie waren das für mich sehr schwere und schmutzige (Hilfs)-Arbeiten im Zusammenhang mit Reparaturen an Fahrwerken und Antrieben der Planierraupen. Aber ich konnte auch sehr schnell eine weitere Besonderheit dieser Werkstatt kennenlernen, das war der scheinbar große Alkoholkonsum. Einmal war während der Frühschicht ein Schlosser mit einer DET Planierraupe aus der Werkstatt fahrend in die LKW Garagen gegenüber eingeschlagen, ein Tor war deformiert, Mauerwerk beschädigt. In der Spätschicht hatte dann ein Mitarbeiter mit meiner Unterstützung die Aufgabe, den Schaden am Tor zu richten. Der Kollege musste dazu auf eine Leiter steigen, war aber so alkoholisiert, dass er Mühe hatte, sich oben zu halten. Ich unten hatte Mühe, die Leiter mit ihm stabil zu halten. Aber schweißen ging. Bei einem Subbotnik an einem Samstag im April war Aufräumen angesagt. Da wurden aus einem kleinen Materiallager für Fahrwerksteile, Schrauben usw. mehrere Schubkarren leerer Schnapsflaschen rausgefahren. Ich kann natürlich nicht bewerten, wie das sonst so war mit dem Alkohol. In den anderen Bereichen des Betriebes habe ich das nie so erlebt, für den Zeitraum danach und die Abteilung in der ich tätig war, kann ich das nahezu ausschließen oder ich habe nur schlecht beobachtet.

Ein fester Bestandteil im BKK Bitterfeld waren Sport, Kultur und Erholung, so auch bereits während der Lehrzeit. In den Sommerferien der Lehrzeit 1975 und 1976 gab es jeweils Angebote in den Ferienheimen bzw. Kinderferienlagern zur Erholung. 1975 ging es ins Kinderferienlager nach Pepelow an die Ostsee, 1976 nach Bad Saarow an den Scharmützel See südöstlich von Berlin. Nach Pepelow fuhr noch knapp die Hälfte der Lehrlingsklasse mit, in Bad Saarow waren wir nur noch 4. Von Pepelow blieb mir nicht viel in Erinnerung. Der Strand war nicht sehr breit, bei weitem nicht so wie in den Urlauberregionen östlich von Rostock. Wir haben viel Volleyball gespielt und einmal gegen die Dorfmannschaft Fußball. Ich glaube wir haben gewonnen, ist egal, anschließend wurde ordentlich gefeiert. Die „Fischköppe" haben Unmengen klaren Schnaps getrunken, da standen sie gut im Training.

In Bad Saarow waren wir in einem riesigen Militärzelt untergebracht, wir 4 Delitzscher in einer Ecke hinten rechts. Am Tage heizte sich das Zelt furchtbar auf, nachts wurde es besser, aber nicht wirklich gut. Es war eine sehr schöne, abwechslungsreiche Zeit. Das Grundstück des BKK lag neben dem des ersten deutschen Boxweltmeister Max Schmeling, wir konnten gut über den Zaun schauen und den Swimmingpool bestaunen, der in den 30er Jahren entstanden war. Das Ferienheim selbst befand sich im sogenannten Thorak Haus nordwestlich einer großen versumpften Wiese. Das Haus war imposant und mit einem großen Reetdach gestaltet. Auch hier stand wieder viel Sport auf dem Programm, Volleyball, Schwimmen und Federball! Und allerlei Blödsinn. So hatten wir aus dem Russenmagazin Gläser mit scharfer Paprika gekauft. Da kam dann schnell die Wette auf, ein ganzes Glas mit einem Mal zu verzehren. Und ich Dussel bin drauf eingegangen. Das Essen war noch erträglich, irgendwie schienen sich die oberen Verdauungsorgane im Mund beginnend an die Schärfe zu gewöhnen. Das böse Erwachen kam jedoch am anderen Morgen, ein richtig böses Erwachen. Es gab mehrere Plumpsklos nebeneinander, immer schön mit Herzchen in der Tür. Eines davon war für längere Zeit meins, näher möchte ich nicht darauf eingehen. Oft führte uns der Fußweg zwischen einer großen Wiese und Wald zu unserem Stammlokal, der „Pechhütte". Dort gab es gutes Essen und immer Zigaretten der Marke CLUB. Einmal mittags war am anderen Ende der Wiese ziemlich viel Betrieb, Polizei, weitere Fahrzeuge und es landeten Hubschrauber. Am nächsten Tag erfuhren wir dann aus der Zeitung, dass Indira Gandhi als Gast der Regierung in Bad Saarow weilte, in den Ferienhäusern der Regierung. Ein unvergessenes Erlebnis war auf dem Zeltplatz Bad Saarow an der Westseite des Scharmützelsee ein Konzert der Gruppe City. Mich hatte die enorme Laustärke beeindruckt und der Schlagzeuger, der auf dem Boden saß. Dass wir dort den später bekanntesten Titel der Gruppe hörten mit den langen Geigeneinsätzen, das habe ich später erst erkannt. Es war vermutlich auch der bekannteste Rock-Song der DDR, der Klassiker der DDR-Rockmusik, auch international bekannt, „Am Fenster".

Auch im Freizeitbereich angesiedelt war die Möglichkeit zur Mitarbeit in der GST Sektion Motorsport. Der Sektionsleiter und Lehrobermeister Herr Springer hatte wahrlich keinerlei Mühe mich zu überzeugen, der GST beizutreten. Die Begeisterung für Motorsport, die mir ja bereits in die Wiege gelegt wurde drängte mich förmlich hin. Die Sektion verfügte über eine ansehnliche Anzahl von Motorrädern. Es waren ältere RT 125/4, welche offensichtlich seit langem nicht genutzt und ziemlich verstaubt waren, aber auch modernere MZ 125 und eine MZ 250 als Seitenwagenmaschine. Zunächst galt es aber, die Fahrerlaubnis Klasse 1 abzulegen. Den theoretischen Teil absolvierten wir bei Herrn Springer und einem weiteren Lehrmeister. Die Fahrprüfung war eine Runde durch Bitterfeld, abgenommen von einem Polizisten. Schon sehr bald, es war 1975, sollten wir als Mannschaft an einem Nachtpatrouilleorientierungswettkampf teilnehmen. Es ging in Richtung Zschornewitz, dort erfolgte der Start der Veranstaltung. Aufgaben waren das Anfahren verschiedener Ziele mit Vorgaben auf Karten. Wir sollten uns an den Zwischenzielpunkten die Bestätigung geben lassen, dass wir diese auch tatsächlich passiert hatten oder aber noch zusätzliche Aufgaben lösen. Eine der Aufgaben war es, eine bestimmte Strecke (10 Meter?) so langsam wie möglich zu befahren. Gar nicht so einfach mit der damaligen Technik und einfach stehen bleiben durfte man auch nicht. Natürlich das Ganze immer mit den Füßen oben auf den Fußrasten. Wie groß die Mannschaft insgesamt war ist mit nicht mehr klar. Erinnern kann ich mich jedoch an Matthias Krabbes und wir alle staunten – obwohl das erste Mal überhaupt an einem solchen Wettbewerb teilgenommen – dass wir das Rennen klar gewonnen haben.

Durch die langen Stillstandzeiten der Motorräder kam es immer wieder zu technischen Problemen. Sprit und Kerzen, das übliche beim Zweitakter, verbunden mit geringer Nutzung. Ich bot dem Sektionsleiter Herrn Springer an, mich um die Technik zu kümmern. Hintergrund war, dass ich ja meinen Bruder, gelernter Kfz- und Motorenschlosser zu Hause hatte. Ich schlug also vor, jeweils eine Maschine mit nach Delitzsch zu nehmen und dort flott zu machen. Nach einigem Zögern ließ sich Herr Springer darauf ein. Ich fuhr also mit dem Motorrad nach Delitzsch. Dort konnte ich bei den ersten Maschinen meinen Bruder noch überzeugen zu helfen. Das ließ dann nach, er war der Meinung „läuft doch". Nun, er hatte nicht so ganz Unrecht. Somit nahm ich also ein Motorrad nach dem anderen mit nach Delitzsch, checkte dort Vergaser, Kerze, Kettenspannung und Reifendruck und am nächsten Tag wieder zurück nach Bitterfeld. Klar, ich hatte kein eigenes Motorrad, es hat Spaß gemacht. Es war aber trotzdem Arbeit, pro Maschine gingen doch einige Stunden drauf. So kamen zwei Dinge zusammen. Die Begeisterung ebbte ab und es war zunehmend schwieriger, die Motorräder in Bitterfeld zum Laufen zu bringen. Getankt wurde aus Kanistern, wie lange der Sprit da schon stand, war oft unklar. Besonders die Batterien der sehr langen nicht bewegten Maschinen, waren hinüber. So kam es, dass ich diese Aktion nach ca. 10 Maschinen habe auslaufen lassen. Eine der RT 125/4 habe ich dann noch nach Delitzsch mitgenommen, optisch ein tolles Motorrad, aber nachdem ich etwa 10-mal mit einer ES 125 unterwegs war, schien mir die RT doch ein echter Rückschritt. Im Grunde waren alle Parameter beim Fahren schlechter, teilweise deutlich, wie der Federungskomfort und die Lenkkräfte. Später oder gar 1976 haben wir noch einmal als Melder bei einer Übung der vormilitärischen Ausbildung der GST im Bereich der Kippen der Tagebaue Holzweißig und Goitzsche teilgenommen. Da „durfte" ich auch mal mit der Beiwagenmaschine fahren, gewöhnungsbedürftig, aber hat geklappt.

Ein wesentlicher Gesichtspunkt zur Mitgliedschaft bei der GST war die Erlangung der Fahrerlaubnis der Klassen I und V. Sofern ich mich richtig erinnere, war die vormilitärische Ausbildung, marschieren usw., auch Bestandteil der Lehrausbildung oder wurde später als solches eingeführt. Die Mitarbeit in der Sektion Motorsport „befreite" mich von diesen Übungen. Während die Erlangung der Fahrerlaubnisklasse I komplett in Bitterfeld stattfand, war der praktische Teil für die Fahrerlaubnisklasse V das Fahren und die Abschlussprüfungen (Theorie und Praxis) im Schullandheim in Reibitz. An drei Begebenheiten kann ich mich erinnern. Auf der Hinfahrt nach Reibitz durfte ich beim Lehrobermeister und Leiter Sektion Motorsport der GST Herrn Springer mitfahren und zwar im S 4000. Der hatte drei Plätze im Führerhaus, in der Mitte zwischen den beiden Plätzen auf dem Boden hatten wir unser Gepäck abgelegt. Auf der Beifahrerseite war das 2. Besteck für den Fahrlehrer, Kupplung und Bremse. Ich habe es mir nicht nehmen lassen bei der Fahrt leicht auf die Bremse zu treten. Herr Springer wunderte sich, schaltete auch einmal vom 5. Gang auf den 4. zurück, bemerkte mein Späßchen jedoch nicht. Man konnte es nur machen, da der S 4000 über eine rein hydraulische Bremse verfügte. Beim W 50 hätten die Geräusche der Luftanlage mich verraten. Ich habe das aber schnell wieder gelassen, ich wusste nicht, wie viel Spaß Herr Springer versteht. Auf einer Wiese mit einer leichten Neigung wurde ein Quadrat abgesteckt, in dem wir mit dem W 50 in drei Zügen drehen mussten. Das war ziemlich problemlos machbar. Herr Springer ließ es sich nicht nehmen, beim Anfahren an der Neigung dem Fahrschüler die Armbanduhr abzuverlangen und hinter das Hinterrad zu legen. Ich glaube, das Anfahren am Hang haben alle problemlos hinbekommen. Bei meiner Prüfungsfahrt irgendwo im Großraum Gräfenhainichen kritisierte der Prüfer Herr Schulze zwei Dinge an meiner Fahrweise, zum einen legte ich nach dem Gangwechsel die rechte Hand auf die Motorhaube, des Weiteren schaltete ich mit viel zu hoher Geschwindigkeit zurück in den niederen Gang. So zwei bis drei Mal darauf hingewiesen, hat es dann bei mir geklappt, für den Rest des Lebens.

Fahrerlaubnisantrag

Name: Pache Vorname: Bernd geb. am: 23.2.58
Geburtsort: Leipzig wohnhaft: Delitzsch
Straße: Lauesche Str. 50 Kreis: Delitzsch

Ich beantrage die Fahrerlaubnis der DDR für
- Kraftfahrzeuge der Klasse(n) I (§ 7 StVZO)
- ~~langsamfahrende Kraftfahrzeuge (§ 6 StVZO)~~
- ~~Kleinkrafträder (§ 85 StVZO)~~*

Zustimmung des gesetzlichen Vertreters (§ 8 StVZO)
Unterschrift
PA-Nr. XIII 0853548

Ich bin bereits im Besitz einer Erlaubnis zum Führen von Kraftfahrzeugen der Klasse(n) § 85 ~~langsamfahrenden Kraftfahrzeugen~~/Kleinkrafträdern*
ausgestellt am: 23.2.73 in: Delitzsch

Ich erkläre, daß mir die Erlaubnis zum Führen von Kraftfahrzeugen nicht versagt oder entzogen ist.
Bernd Pache
Unterschrift

* Nichtzutreffendes streichen
VK (87/11) Ag 106/4799/71

Karte sicher aufbewahren, gilt als einziger Eigentumsnachweis Ihrer Fahrerlaubnis

Ärztlicher Untersuchungsbefund

Tauglichkeitsgruppe A | B | C
Tauglich ohne/mit Bedingungen – zeitlich tauglich – untauglich*
Bedingungen: griff. C tauglich
03. Feb. 1975
Datum Unterschrift des Arztes
Fahrerlaubnis-Klasse(n)
Fahrerlaubnis-Nr. G 246 356
erteilt am: 22. April 1975
Zweitausfertigung einer Fahrerlaubnis
Fahrerlaubnis-Nr.
Unterschrift
, den
VPKA Datum
* Nichtzutreffendes streichen

Ergebnis der Prüfung

Theoretische Prüfung		
Datum	Ergebnis	Signum
18.04.75	bestanden	
Grundprüfung		
18.04.75	bestanden	
Prüfung im Straßenverkehr		
18.04.75	bestanden	

Delitzsch
VPKA
Unterschrift
* nur bei Übersendung an ein anderes VPKA

Fahrerlaubnisantrag

Name: Pache Vorname: Bernd geb. am: 23.2.58
Geburtsort: Leipzig wohnhaft: 727 Delitzsch
Straße: Lauesche Straße 50 Kreis: Delitzsch

Ich beantrage die Fahrerlaubnis der DDR für
- Kraftfahrzeuge der Klasse(n) V (§ 7 StVZO)
- langsamfahrende Kraftfahrzeuge (§ 6 StVZO)
- Kleinkrafträder (§ 85 StVZO)*

Zustimmung des gesetzlichen Vertreters (§ 8 StVZO)
Unterschrift
PA-Nr.

Ich bin bereits im Besitz einer Erlaubnis zum Führen von Kraftfahrzeugen der Klasse(n) I langsamfahrenden Kraftfahrzeugen/Kleinkrafträdern*
ausgestellt am: 22.04.1975 in: Delitzsch

Ich erkläre, daß mir die Erlaubnis zum Führen von Kraftfahrzeugen nicht versagt oder entzogen ist.
Bernd Pache
Unterschrift

* Nichtzutreffendes streichen
VK (87/11) Ag 106/4799/71

Karte sicher aufbewahren, gilt als einziger Eigentumsnachweis Ihrer Fahrerlaubnis

Ärztlicher Untersuchungsbefund

Tauglichkeitsgruppe A | B | C
Tauglich ohne/mit Bedingungen – zeitlich tauglich – untauglich*
Bedingungen: MKF tauglich
02.04.76
Datum Unterschrift des Arztes
Fahrerlaubnis-Klasse(n) fünf
Fahrerlaubnis-Nr. G 246 356
erteilt am: 04. Mai 1976
Zweitausfertigung einer Fahrerlaubnis
Fahrerlaubnis-Nr.
Unterschrift
, den
VPKA Datum
* Nichtzutreffendes streichen

Ergebnis der Prüfung

Theoretische Prüfung		
Datum	Ergebnis	Signum
30.04.76	best.	
Grundprüfung		
30.04.76	best.	
Prüfung im Straßenverkehr		
30.04.76	best.	

Bitterfeld
VPKA
Unterschrift
* nur bei Übersendung an ein anderes VPKA

Mehrere Male wurde ein sogenannter Berufsgruppenwettbewerb, auch Leistungsvergleich genannt, durchgeführt. Einmal fand er in Roitzsch statt. Dort war eine Außenstelle der Betriebsberufsschule, hauptsächlich genutzt von den Lehrlingen der Fachrichtung Gleisbau. Es gab eine Baracke aus der Nachkriegszeit, auch mit

Umkleideräumen, Klassenzimmern und Fachkabinetten. Ob bei dem Berufsgruppenwettbewerb auch die „A"-Klasse, also Berufsausbildung mit Abitur teilnahm bzw. wie dann die Wertung war weiß ich nicht mehr. Auf jeden Fall dabei waren die Lehrlinge der IM 74 B und meine Lehrklasse, die IM 74 C. Eventuell verdeutlicht das Ergebnis auch, dass ich bereits in der Lehre viel Spaß an der Arbeit hatte, relativ problemlos konnte ich bei allen Teilnahmen den ersten Platz erringen.

Beim 3. Leistungsvergleich der praktischen Berufsausbildung belegte der Jugendfreund

P a c h e , Bernd

Instandhaltungsmechaniker

1. Lehrjahr

den 1. Platz

Bitterfeld, den 25. 4. 1975

Direktor der BBS

URKUNDE

IV. Berufsgruppenleistungsvergleich

1. Platz
IM74c
Bernd Pache
90 Punkte

Bitterfeld, Februar 1976

Vors. der Wettbewerbskommision

Dir. der BBS

URKUNDE

Berufswettbewerb 1976

I. Quartal

Bester Lehrling der Berufsgruppe

Instandhaltungsmechaniker

wurde

Pache , Bernd

von der Klasse **IM 74 c**

VEB Braunkohlenkombinat Bitterfeld
- Betriebsberufsschule -

Wolff
FDJ-Sekr.

Stolpe
Vors. d. Wettbew. Kom.

Bitterfeld, den 14.4.76

VEB BRAUNKOHLENKOMBINAT BITTERFELD

BITTERFELD

ÜBERGEORDNETES ORGAN: VVB BRAUNKOHLE HALLE - SITZ MERSEBURG

VEB Braunkohlenkombinat Bitterfeld · 44 Bitterfeld · Postfach 61

Ihr Zeichen | Ihre Nachricht vom | Hausapparat | Unser Zeichen | 44 Bitterfeld, den 18. 6. 1976

Betreff: Abschlußbeurteilung
des Lehrlings Bernd P a c h e, geb. am 23. 2. 1958,
wohnhaft in 727 D e l i t z s c h , Lauesche Str. 50

Bernd war während der Lehrzeit ein aktiver und fachlich interessierter Lehrling, der stets bemüht war, ansprechende Leistungen in Theorie und Praxis zu [illegible]reichen.
Während der praktischen Ausbildung arbeitet Bernd selbständig und gewissenhaft. Anregende Hinweise wurden stets beachtet und in den Arbeitsprozeß eingegliedert. Besonders anerkennenswert sind seine guten Leistungen in der Spezialisierung.

In der Theorie versteht er es, sein Wissen und seine Gedanken selbständig und folgerichtig darzubieten.
Sein Verhalten und Auftreten gegenüber dem Lehrpersonal war ohne Tadel. Er fügt sich gut in das Kollektiv ein. Auf Kritiken reagiert er positiv.

Gesellschaftlichen Veranstaltungen und Aufgaben folgt er bereitwillig. Besondere Aktivität zeigt Bernd in der GST - Sektion Motorsport - .

Bei aktuellen politischen Problemen argumentiert Bernd sachlich und beweist einen klaren Klassenstandpunkt. Bernd sollte für die Zukunft sein vorhandenes Wissen und Können mit mehr Initiative und Triebkraft ausbauen.
Er ist Mitglied der FDJ, DSF, GST und des FDGB.

VEB Braunkohlenkombinat Bitterfeld

Tike
Klassenleiter

i. V. Brandt
Diebler
Leiter Abteilung Kader

BN 919 58 509

Fernruf: Bitterfeld 6251

Fernschreiber: Kohle Bitterfeld Nr. 7655

Bank: Industrie- u. Handelsbank Bitterfeld
Konto-Nr. 1060
Bank-Kenn-Nr. 108 040

IV/2/14 271/7 PIG 7/68 40000

TEIL II: Die ersten Jahre

1976

Freiheit III (1)

Am 1. März 1976 war ich noch Lehrling und wurde bereits an meinem zukünftigen Arbeitsplatz als Facharbeiter in der Abteilung Erdbau und Transporttechnik im Tagebau Delitzsch-Südwest eingesetzt. Diese Vereinbarung wurde bereits am 27.01.1976 bei Unterzeichnung des Arbeitsvertrages in Bitterfeld getroffen. Mein Vater hat mich begleitet, vermutlich da ich noch nicht 18 Jahre alt war. Es war eine feierliche Veranstaltung. Warum erinnere ich mich so gut an das Datum? Nach der Veranstaltung habe ich mir im Zentrum von Bitterfeld eine Uhr gekauft. Es war eine Glashütte Spezimatic. Die Nummer auf dem Uhrenboden war die 275274. Das Gebäude mit dem Geschäft unweit des Marktes gibt es seit langem nicht mehr. Und es war natürlich der Preis, welcher mir in Erinnerung blieb. Die Uhr kostete 218 Mark mit Lederarmband. Die Variante mit Metallarmband hätte zuviel gekostet, ein Metallarmband habe ich mir dann einige Zeit später zugelegt.

Nach Einweisungen, Arbeitsschutzbelehrungen, Ausstattung mit Arbeitsschutz-ausrüstung und Arbeitskleidung erfolgte der erste Außeneinsatz dann in der ersten Märzwoche 1976 auf der Freiheit III. Das war ein Tagebaurestloch nördlich der Ortschaft Roitzsch. Was ich damals noch nicht wusste, die Freiheit III ist außergewöhnlich geschichtsträchtig. Im Grunde kann man sagen, dort begann der Braunkohlenbergbau im Bitterfelder Revier. 1839 als Grube Auguste in Betrieb genommen, 1948 in Tagebau Freiheit III umbenannt und 1954 außer Betrieb genommen, war es auch der Tagebau mit der längsten Betriebsdauer, nämlich 115 Jahre. (2)

Kuriosum, zumindest aus meiner Sicht, der Bagger 549 E 1200 und der Absetzer 982 As 1800 wurden für eben diese Grube gefertigt. Sie hatten dort ihren ersten Einsatzort, und viele weitere folgten. Für den Absetzer 982 war der Tagebau Delitzsch-Südwest der letzte Einsatzort, für den Bagger 549 E 1200 der Vorletzte vor ihrer Verschrottung. Der Bagger 549 wurde 1935 in Betrieb genommen und war zur damaligen Zeit das weltgrößte Gewinnungsgerät im Abraum. Dieser Bagger machte 1939 von sich reden, als damit 12 Milllionen m^3 Abraum im Jahr gefahren wurden. Weltrekord! (10)

Ab 1977 sollte die Freiheit III dann noch einmal als Außenkippe für die Aufschlussmassen des Tagebau Delitzsch-Südwest genutzt werden.

Für die Vorbereitung der Gleisbauarbeiten für den späteren Einsatz des Absetzer 1055 wurden Erdarbeiten im Bereich der Hausmülldeponie für Bitterfeld, auch genutzt vom Chemiekombinat Bitterfeld (CKB), durchgeführt. Am Rande dieser Deponie verlief dann die Gleistrasse von der bereits vorhandenen Unterführung in der Nähe des Kohletunnels zum Wolfener Wechsel unter der Fernverkehrsstraße 100 zum Absetzer 1055.

Der März 1976 war sehr kalt, deutliche Nachtfröste. Gut erinnern kann ich mich deswegen, da ich mit dem Moped SR 2 E mit ziemlich unzureichender Bekleidung dort hingefahren bin. Ich habe entsprechend gefroren. Es war aber auch sehr zum Ärgernis für meinen Vater. Er war einen guten Berufsverkehr gewöhnt, der auch im BKK Bitterfeld zur Verfügung stand, nur fuhr dieser eben nicht zu solchen Außenbaustellen. Es war gewissermaßen üblich mit eigenem Fahrzeug die Baustellen anzufahren.

Gearbeitet wurde dort mit zwei Planierraupen, der T 100 M 3 Nummer 58 und der T 100 M 3 Nummer 59. Beide Planierraupen waren recht neu, hatten eine moderne Bedienung mit Fußkupplung und Einhebel Lenk- und Bremssystem, die 58 ein 3 Meter Schild (3.030 mm, Planierschildbreit, Höhe 1.100 mm), die 59 ein 4 Meter Schild (3.940 mm Planierschildbreite Höhe 1.000 mm). Es wurde in zwei Schichten gearbeitet mit den Kollegen Roland Herale, Dieter Weidner, Alfred genannt „Jung Jung", Gerd Prautsch, ebenfalls seit 01.03.1976 ein neuer Mitarbeiter und Bernd Pache.

Dieter Weidner war ein außergewöhnlich akribischer Kollege, der sehr auf Ordnung und Sauberkeit achtete. Er war immer mit perfekt sauberem Fahrzeug, einer Schwalbe unterwegs, genau so behandelte er die Arbeitsmittel. Andere Kollegen waren da nicht so konsequent. So kam es vor, dass der 5 Literkanister mit Ottokraftstoff, der zum Starten der Planierraupe erforderlich war, zwischen Sitz und Fahrerhausaußenwand der Planierraupe eingeklemmt wurde, was natürlich Beschädigungen des Lackes nach sich zog. Das führte dann mittags bei Schichtübergabe zu einigen heftigen Diskussionen.

Für mich faszinierend, der Kollege Jung Jung kam mit dem Pferd zur Arbeit. Er brachte vom Fleischer auch schon mal ein Kilo Hackfleisch mit. Die Versorgung war jedenfalls immer gesichert. Ich war gerade in die Bedienung der Planierraupe eingewiesen und sollte ein wenig üben. Die anderen Kollegen machten Pause. Zu diesem Zeitpunkt bat mich ein Kraftfahrer, der zur Deponie fuhr, ihm den Weg freizuschieben. Ich wollte ihm klar machen, dass ich neu bin, er akzeptierte das nicht und irgendwie habe ich es dann sogar hinbekommen. Der erste Einsatz auf der Freiheit III dauerte für mich nur knapp zwei Wochen, da ahnte ich aber noch nicht, dass noch weitere folgen würden.

Kies mit UB 162

Noch während der zweiten Arbeitswoche auf der Freiheit III wurden die Aufgabe und der Arbeitsort geändert. Beide Punkte sind an sich positiv zu sehen. Zum einen war der Einsatzort am Südrand des Tagebau Holzweißig deutlich näher am Wohnort, die Hinfahrt nicht so lang. Das war sehr wichtig, da die Temperaturen deutlich im Minusbereich blieben. Zweitens hat sich die Tätigkeit geändert. Jetzt war die Aufgabe Maschinist für den UB 162. Als Maschinist konnte man immer nur in Arbeitspausen oder betriebsbedingten Stillständen am Bagger arbeiten, Reinigungsarbeiten, Abschmieren des Fahrwerkes und der Hauptumlenkrollen an der Auslegerspitze täglich, weitere Schmierstellen im Inneren der Maschine mindestens einmal wöchentlich. Dazu kam das Tanken, in der Regel (an diesem Einsatzort immer) mit einer Handflügelpumpe die am Bagger selbst fest installiert war aus Fässern, immer 2 Stück a 200 Liter. Die Aufgabe mit dem Bagger bestand im Beladen von Kippern (Krazz 256) des BMK Erdbau Thalheim, die den Auftrag hatten, die Transporttrasse zweier Tagebaugroßgeräte im Bereich einer Senke in Benndorf Nähe der Mühle zwischen der alten F 184 und der Baustelle der zukünftigen Unteroffiziersschule zu bekiesen. In besonderer Erinnerung sind mir zwei Begebenheiten. Zum einen hatte mein Kollege und auch noch Lehrling Dietmar Witters, vor mir am Wohnwagen angekommen, in üblicher Weise mit in Diesel getränkter Putzwolle das Feuer im Ofen entfacht. Es war so heftig, dass das Ofenrohr außerhalb der Wohnwagenwand glühte. Desweiteren war von hier gut zu beobachten, wie die Kollegen der Brigade Abbruch der Hauptabteilung ETT die Gebäude der Ortslage Paupitzsch beseitigten um ein für die Großgeräte gefahrloses Überbaggern der Ortslage zu ermöglichen. Paupitzsch war vorher Wohnort und Heimat vom Baggerfahrer Reiner Fritsche und Brigadier Otto Lehmann.

Baggertransport 282, 549

Zur Herstellung der Aufschluss Figur für den zukünftigen Tagebau Delitzsch-Südwest wurden Anfang 1976 die Eimerkettenbagger 549 E 1200 und 282 ERs 560 aus dem Tagebau Goitsche an die neue Wirkungsstätte Delitzsch-Südwest auf dem Landweg umgesetzt. Der 282 ERs 560 hatte am 25.04.1975 den letzten Kohlenzug im auslaufenden Tagebau Muldenstein beladen und war am 21.05.1975 durch die Mulde gefahren, um dann mit dem 549 E 1200 einen gemeinsamen Weg anzutreten. In der Betriebszeitung „glück auf" hieß es dazu:

„Am 21. Mai 1975 durchquerte der Bagger 282 auf seinem Transportweg zum neuen Einsatzort die Mulde. An der 23-jährigen Geschichte des Tagebaues Muldenstein hatte dieser Eimerkettenbagger einen wesentlichen Anteil. Er war 18 Jahre im Tagebau eingesetzt. Als neuer Einsatzort für den Bagger 282 ist der Tagebau Goitsche vorgesehen. Hier hat das Gerät im Baufeld IIa bereits die Kohleförderung aufgenommen. Am 1. April 1976 erfolgt der Weitertransport des Baggers zum Tagebau Delitzsch-Südwest, um Aufschlussarbeiten durchzuführen. Vorerst galt es jedoch, auf dem Weg in den Tagebau Goitsche die Mulde zu durchqueren. Nach wochenlangen Vorbereitungsarbeiten lagen die 150 Meter langen Schwellenmatten vor der Einfahrtsrampe bereit, auf denen das Gerät den etwa 90 Meter breiten Flußlauf überwinden sollte. Seit dem 15. Juli 1971 hatten schon drei andere Bagger dieses Hindernis erfolgreich überquert. Am 21. Mai 1975 sollte nun auch das vierte Gerät diesen Weg nehmen. Erschwerend wirkte sich der relativ hohe Wasserstand von 1,40 Meter aus. Die Antriebsmotoren der Fahrwerke standen bei diesem Pegelstand bis zur Welle im Wasser. Deshalb war es erforderlich, die Motoren abzudichten beziehungsweise die Motorengehäuse mittels Schläuchen an die Kompressoranlage anzuschließen und so unter Luftdruck zu setzen.

Nach dem Einschwimmen der Schwellenmatten in den Flußlauf und den Befestigungsarbeiten in der Ein- und Ausfuhrrampe konnte die Durchfahrt beginnen. Um 13.10 Uhr setzte sich der Eimerkettenbagger in Bewegung. Ohne Zwischenfall erreichte er nach knapp 30 Minuten das südliche Ufer der Mulde. Dank der guten Arbeit aller Beteiligten und ihrer hervorragenden Einsatzbereitschaft konnte auch an diesem 21. Mai 1975 die Muldedurchquerung reibungslos ablaufen und damit die Gewähr für einen termingerechten Ablauf des Gesamttransportes gegeben werden." Muschallik (14)

Bei diesem Baggertransport war ich ab der Überfahrt der alten F 184 mit der Planierraupe T 100 M 3 Nummer 58 beteiligt. Die Maschine wurde zweischichtig betrieben, im Wechsel mit meinem Kollegen Gerd Prautsch war es meine Aufgabe, einen Schlitten, beladen mit zwei Gleisjochen, zu ziehen, die vor dem Bagger 549 aufgebaut wurden und nachdem er diese Stelle überfahren hatte hinter dem Bagger wieder demontiert und wiederum auf den Transportschlitten verladen wurden. Be- und Entladen erfolgte mit Raupenkranen, die Elektroenergieversorgung wurde durch ein auf einem Raupenfahrwerk selbst fahrendes Elektroaggregat 500 kVA gewährleistet. Ein permanenter Vorgang also. Planierarbeiten zur Vorbereitung der Trasse waren kaum erforderlich.

Spektakulär und von einer entsprechenden Anzahl Schaulustiger begleitet, war die Überquerung der Reichsbahnstrecken Berlin-Leipzig sowie Halle-Eilenburg. In der Betriebszeitung „glück auf" hieß es dazu wiederum:

„Ein großes organisatorisches Pensum galt es zu bewältigen, um den Transport von zwei Tagebaugroßgeräten über einen solchen Schwerpunkt wie es die Reichsbahnüberfahrt über die Strecke Bitterfeld – Delitzsch bedeutete, termin- und qualitätsgerecht durchzuführen. Wie gut die Vorbereitung war, musste sich am 24. April zeigen. Schnurgerade lagen die vormontierten Gleisjoche zur Überfahrt des Gerätes 549 beiderseits des Gleiskörpers, Schwellenmaterial zum Auslegen der Gleise lag bereit. Neben der Übergangsstelle des Baggers 549 die des Baggers 282 genauso ordentlich vorbereitet, eine gute Arbeit hatte das Transportkollektiv geleistet. Trotz des nassen, kalten Wetters gute Stimmung bei allen Beteiligten. Nach der Reichsbahnüberfahrt galt es in einem Zuge noch die Straße Bitterfeld – Delitzsch zu passieren." (15)

Bild aus der Leipziger Volkszeitung, im Vordergrund die Planierraupe T 100 M 3 Nummer 58 zu sehen. Da sie zweischichtig von Gerd Prautsch und mir besetzt wurde, liegt die Wahrscheinlichkeit, dass ich mich zum Zeitpunkt der Aufnahme des Bildes in der Maschine befand bei 50%.

Bild aus der Leipziger Volkszeitung vom Mai 1976

Carl-Friedrich-Benz-Straße

In einer zweiten Schicht im späten Frühjahr 1976 bekam ich den Auftrag im zukünftigen Verlauf der Zufahrtsstraße zu unserem Betriebsgelände den Mutterboden abzuschieben. Die Straße sollte zur Leichtbaubaracke führen, in der wir, die Abteilung EuE, zwei Ingenieure der Tagebautechnologie und natürlich die Küche mit Speisesaal untergebracht waren. Einer der Ingenieure wurde sehr viel später durch Fernsehdokumentationen durch die Tätigkeit seines Unternehmens, der Thüringer Sprenggesellschaft mbH sehr bekannt, Martin Hopfe. Erforderlich wurde der Bau der Straße, da die Zufahrt zu unserem Objekt über die Kattersnaundorfer Straße durch den Bau des Dammes für die spätere Kohlefernbahn über die Reichsbahnstrecke Halle – Eilenburg überschüttet wurde. Es war eine recht einfache Arbeit, von Nord nach Süd, in entsprechendem Sicherheitsabstand zur Reichsbahnstrecke den Mutterboden rausschieben, allerdings mit vielen Richtungswechseln vorwärts/rückwärts. Das gab Kraft in die Arme. Den eigentlichen Straßenbau erledigte dann die Firma BMK Erdbau Thalheim, die als Investunternehmen bei fast allen Projekten im Bereich Erdbau und Straßenbau im Tagebau beteiligt war.

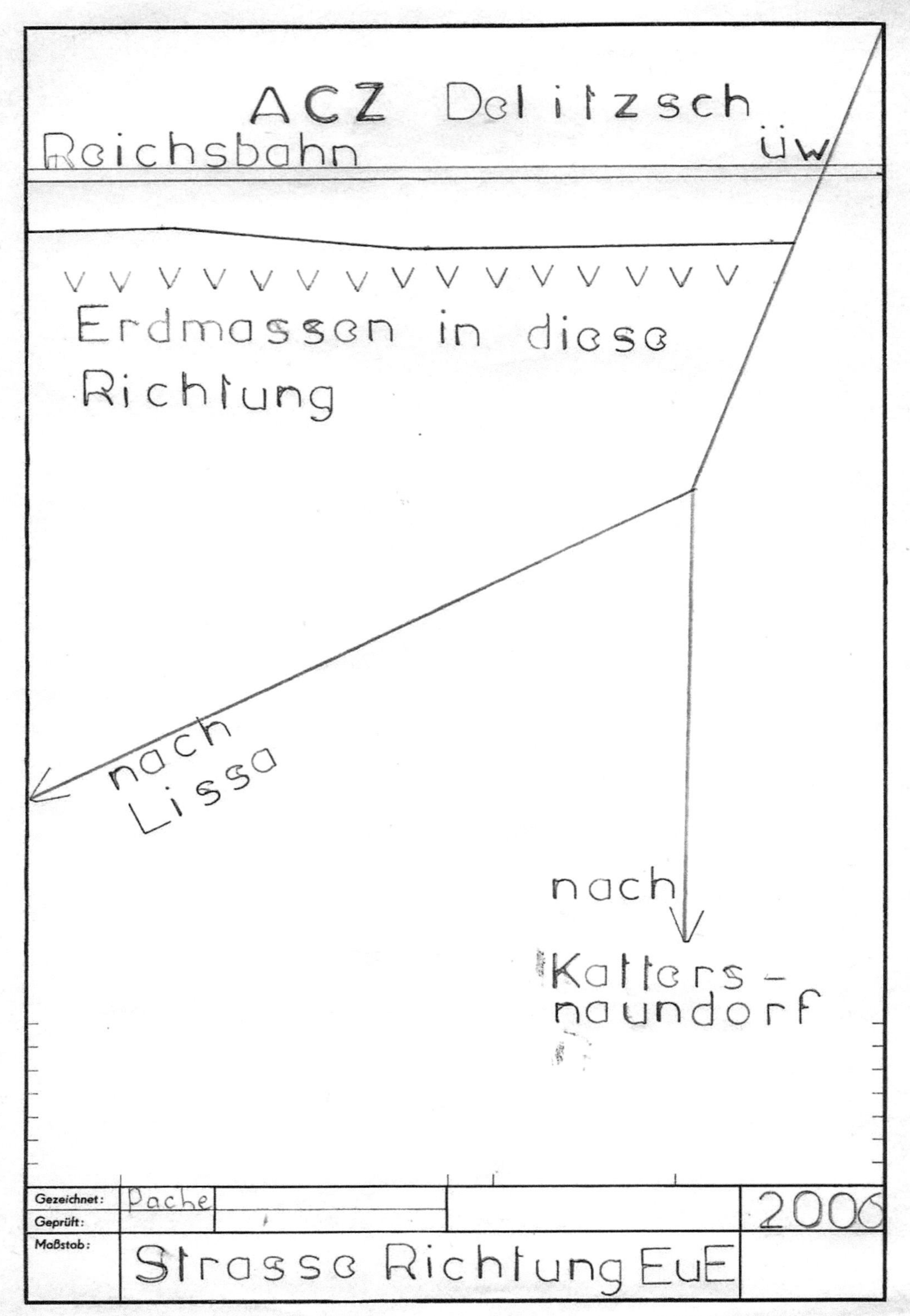
ACZ Delitzsch
Reichsbahn
üw
Erdmassen in diese
Richtung
nach
Lissa
nach
Katters-
naundorf
Gezeichnet:
Pache
Geprüft:
Maßstab:
Strasse Richtung EuE
2006

Loberverlegung zwischen Döbernitz und Brodau

Im Zeitraum von Mitte Juni bis Ende August 1976 wurde durch unsere Abteilung der Lober, ein kleiner Bach im Kreis Delitzsch, der auch durch Delitzsch selbst verläuft zwischen Döbernitz und Brodau neu ausgebaggert und somit sein Lauf verlegt und begradigt. Der Ausbau und die Verlegung des Lobers war erforderlich für die Aufnahme der Wassermassen des Ableiters Brodau der Filterbrunnenentwässerung des Tagebaufeldes.

Die als Hauptauftragnehmer beauftragte Meliorationsbaugenossenschaft Delitzsch hatte bis zum Zeitpunkt unseres Einsatzbeginns etwa 70 Meter neues Loberbett von der Straßenbrücke in Döbernitz in unmittelbarer Nähe des Bahnüberganges der Reichsbahn in Richtung Süden fertiggestellt. Von der Meliorationsbaugenossenschaft kamen dort ein UB 631 und ein T 174 zum Einsatz.

Zur Durchführung der Hauptarbeiten wurde der UB 162 auf eigenem Fahrwerk vom Gelände des Tagebau Delitzsch-Südwest umgesetzt. Baggerfahrer war Reiner Fritsche. Hindernis war die F 184 (heute Bundestraße 184). Der Straßengraben wurde mit Kies ausgefüttert, über die Straße wurden alte Förderbänder gelegt. Abgesichert wurde die Aktion (Verkehr kurzzeitig gesperrt) durch den Polizisten Manfred Gaul, der auch sehr oft die Verkehrssicherheitsschulung unserer Kraftfahrer durchgeführt hat. Überquert wurde die Straße ziemlich exakt dort, wo heute von Leipzig kommend eine erste Ampel den Verkehr regelt. Entlang der Straße standen damals sehr große Pappeln.

Zu Beginn der Baggerarbeiten versank der Bagger, der mit der Arbeitsausrüstung (12 Meter Ausleger, 2,4m^3 Zugschaufel) fast 70 Tonnen wog im moorigen Geländer der Loberwiesen. Für die Bergung des Baggers waren umfangreiche Arbeiten mit T 174 zum Freischachten und der Einsatz mehrerer LKW Ladungen, Schwellen und Karnickel erforderlich.

Der weitere Einsatz des Gerätes war somit ohne tragfähigkeitsverbessernde Maßnahmen nicht möglich. Zu diesem Zweck wurden sogenannte Baggermatratzen gefertigt, zunächst eine „einfache Variante". Zu einem flächigen Paket verschraubte Holzschwellen (3 Meter), die dann nicht ganz arbeitsschutzkonform an der Zugschaufel des Baggers befestigt und um 180° um die Maschine geschwenkt im Fahrweg des Baggers wieder abgelegt wurden. Später wurden Schwellenpakete in einen Rahmen aus U-Eisen gebaut, welche dann mit Ösen für die Aufnahme mit Schäkeln versehen waren. Somit war dann ein gefahrloses Umlegen der Baggermatratzen möglich. Beachtenswert ist dies deshalb, da der UB 162 im Baggerbetrieb kein Hebezeug ist.

Fragen:

Ist der Zeitraum korrekt? Der Einsatz erfolgte im Sommer 1976, wobei ich den korrekten Zeitraum nicht mehr weiß.

Wer hat uns den Auftrag erteilt? Der Auftrag erfolgte von uns als Invest-Eigenleistung.

Ist der Inhalt so richtig?

Was ist zu ergänzen?

Wie erfolgte der Transport des UB 162 zur Einsatzstelle? Der Transport erfolgte per Achse. Dafür war ich damals zuständig.

Hallo Bernd

Der zuständige Investbauleiter bei der Durchführung der Baumaßnahme war mein Kollege Horst Hahn.
Ich war nur für den Transport zum Einsatzort verantwortlich. Weiterhin habe ich die Organisation und Bereitstellung der Baggermatratzen realisiert.
Danach war meine Mission Loberausbau beendet

Herzliche Grüße
Helmut Selch

Stellungnahme Helmut Selch Investbauleiter Delitzsch-Südwest

Das Graben des Grundkörpers für den neuen Verlauf des Lober kam mit dem UB 162 gut voran, so dass den Kollegen der Meliorationsbaugenossenschaft Delitzsch die fachgerechte Gestaltung der Uferböschung vorbehalten blieb. Insbesondere auch durch den zweischichtigen Einsatz unserer leistungsfähigen Technik vergrößerte sich der Abstand der Vorarbeit ständig. Gekennzeichnet war die Arbeit durch die starke Hitze des Sommers. Günstig erwies sich, das in etwa einem Meter Tiefe bereits vorhandene Grundwasser, in dem unsere Teekanne und andere Getränke gekühlt werden konnten.

Auf einem Zwischenstück zwischen Döbernitz und Brodau konnte zeitweise auf den Einsatz der Baggermatratzen verzichtet werden. Im Bereich des Brodauer Parkes wurden sie dann allerdings wieder erforderlich. Hier kam es zu einer neuen Schwierigkeit. Es wurde kein neuer Verlauf des Lober hergestellt, sondern im Wesentlichen das vorhandene Loberbett verbreitert und tiefer ausgebaggert. In diesem stark mit Bäumen und Gestrüpp bewachsenen Teil kam zusätzlich erschwerend hinzu, dass kein ausreichender Platz für die Aushubmassen zur Verfügung stand bzw. sich der UB 162 zwischen den Bäumen schlecht bewegen konnte. Ein Teil der Aushubmassen wurde daher durch Fahrzeuge der Meliorationsbaugenossenschaft abgefahren.

Etwa ab Anfang Juli kam dann eine weitere Maschine auf der Baustelle zum Einsatz, die Planierraupe T 100 M 3 Nummer 59. Mit dieser Planierraupe wurden die ausgehobenen Erdmassen, die vorwiegend westlich des neu entstandenen Loberlaufes abgelagert wurden, auf einer Fläche von 80 Meter breitgeschoben. So entstand eine nur unwesentliche Überdeckung der Wiese. Neben dem UB 162 für die Durchführung der Hauptarbeit kam zeitweise auch die T 100 M 3 Nummer 59 und der Traktor Universal für die Betankung und den Transport der Baggermatratzen sowie der Baustelleneinrichtung, unseres einachsigen Bauwagens, zum Einsatz.

Durchgeführt wurden die Arbeiten dem UB 162 im zweischichtigen Einsatz von den Kollegen Reiner Fritsche, Reinhard Mittmann, Johann Schemmel, Dieter Weidner, Frank Massinger und bis zum 14.04.1976 von den Lehrlingen Harald Miersch, Norbert Müller, Michael Teresniak, Ralph-Dietmar Witters und Bernd Pache. Letztere dann ab 15.07.1976 als Jungfacharbeiter. Verantwortlich waren als Meister Klaus Srednicki, und als Brigadier Otto Lehmann.

Am Freitag, 16.07.1976 hatte der Kollege Teresniak einiges an alkoholischen Getränken dabei, um sich bezüglich der Freisprechung als Lehrling erkenntlich zu zeigen. In unserer Schicht mit Reiner Fritsche und Johann Schemmel war es aber geradezu verpönt, während der Arbeitszeit zu trinken. In der anderen Schicht mit Reinhard Mittmann als Facharbeiter war dies anders, woran sich Otto Lehmann noch 45 Jahre danach erinnern konnte. Nützte aber nichts, Alkohol war tabu. Was dazu führte, dass wir den Nachhauseweg nutzten rege zu diskutieren und uns um die Flaschen zu kümmern. An der Nordseite der „Mausefalle“, einer Fußgängerunterführung unter der Bahnstrecke Halle – Eilenburg, westlich des Geländes des Freibades „Elberitzmühle“, machten wir eine längere Pause bis alles vernichtet war. Einigermassen angeschlagen ging es zu einem Volksfest auf den alten Friedhof in Delitzsch, mein Erinnerungsvermögen danach war etwas holprig.

Gut in Erinnerung ist mir ein Tag in der folgenden Woche, der Hauptingenieur der Hauptabteilung ETT kam mit Vertretern von Partei und Gewerkschaft, um uns Lehrlingen zur erfolgreich abgeschlossenen Lehrausbildung zu gratulieren. Ein kleines Geschenk gab es auch noch oder eine Prämie? Ich habe es vergessen.

Blick von der Brücke in Döbernitz in der Nähe der Bahnunterführung im Frühjahr des Jahres 2005, 29 Jahre nach der Anlegung des Gewässerlaufes.

Blick von der Brücke in Döbernitz in der Nähe der Bahnunterführung im Frühjahr des Jahres 2021, 45 Jahre nach Fertigstellung der Arbeiten

Akzisefrei

Der Trinkbranntwein für Bergarbeiter war ein Branntwein, der als Deputatlohn an Bergleute in der sowjetischen Besatzungszone und später in der DDR ausgegeben wurde. Bei Bergleuten, die in den Braunkohletagebauen über Tage arbeiteten, gab es im Winter zwei Liter und im Sommer einen Liter „Kumpeltod“ pro Monat.

In der Chronik des Braunkohlenbergbaues im Revier Bitterfeld heißt es dazu auf Seite 408: „Freitags war Zahltag. Wir durften 14:30 Uhr Feierabend machen und trabten dann zum Lohnbüro an der Halleschen Straße. Dort erhielten wir den Lohn, 60 Pfennige/ Stunde die Erwachsenen, 41 Pfennige die Jugendlichen unter 18 Jahren. Erst im Herbst 1946 wurde das Prinzip „Gleicher Lohn für gleiche Arbeit“ durchgesetzt. Aber genau so wichtig waren für uns die Zugaben: wöchentlich 1 kg gelber Käse anstelle der uns zustehenden Milch. Monatlich gab es dann die begehrten 1 bis 2 Liter Trinkbranntwein je nach Planerfüllung, 50 Zigaretten „Sorte I“, eine Zusatzlebensmittelkarte und manchmal einen Warengutschein, z.B. für eine Hose oder einen Fahrradschlauch.“ (11)

„Ob ich ihn bereits ab dem 01.03.1976 mit Beginn der Tätigkeit im „Aussenbetrieb“ oder erst ab dem Zeitraum nach abgeschlossener Facharbeiterprüfung bekam kann ich heute nicht mehr sicher sagen. Auf jeden Fall gab es bis Anfang der 80 er Jahre den Schnaps in 1-Literflaschen, braunes stabiles Glas, später dann in den handelsüblichen 0,7 Liter-Flaschen, hergestellt von den Produzenten der Spirituosen in der DDR, häufig Brennereien aus Allstedt, Meerane, manchmal auch aus Altenburg. Mit den Berechtigungsscheinen zum Bezug von steuerfreiem Trinkbranntwein konnte man den Schnaps kaufen, in Bitterfeld u.a. im Stadtzentrum in der Verkaufsstelle 100, jeder Bergmann wusste, was die „100“ ist, in Delitzsch in der KONSUM Verkaufsstelle in der August-Fritzsche-Straße. Die Berechtigungsscheine waren wie Bargeld, zum Tauschen oder Bezahlen von Dienstleistungen ebenso zu gebrauchen wie die Hardware, die Flaschen selbst. Mein Deputat wurde nahezu komplett selbst verbraucht, phasenweise angesetzt mit Aromen aus der Drogerie. Es funktionierte ganz gut mit Liköraromen oder aber auch Ansetzen bzw. Ergänzen frischer Früchte. Der Alkoholgehalt mit 32 Vol %, war etwas gering, es war immer empfehlenswert die frischen Früchte mit Primasprit anzusetzen, der hatte 96 Vol %, das war „sicherer“. Einen besonderen Gag hatte der Kollege Frank Massinger öfter auf Lager. Im Beisein von Kollegen, die besonders auf den Schnaps abfuhren verkündete er schon mal, er kippte ihn in die Scheibenwaschanlage seines Trabant. Endlose Diskussionen gab es häufig bezüglich der Qualität des Getränkes. Es wurde da viel hineininterpretiert. Fakt ist: selbst geübte Trinker konnten ihn im Vergleich zu anderem Klaren nicht unterscheiden, gekühlt schmeckte er allen gut.

Freiheit III (2)

Im Spätsommer und frühen Herbst 1976 war mein Einsatzort, wie auch der verschiedener Kollegen, wiederum das Restloch Freiheit III. Hingefahren zur Baustelle wurden wir mit dem LKW S 4000 auf der Ladepritsche oder auch wenn das Führerhaus nicht besetzt war vorn beim Fahrer Heinz Kunze. Der S 4000 hatte zwei Beifahrersitze.

Teilweise erfolgte die Arbeit mit Planierraupe als Hilfestellung zum Gleisbau, der von Strafgefangenenbrigaden durchgeführt wurde, teilweise war es Aufgabe, mit einer Schienenbohrmaschine Löcher für Laschen in Schienen zu bohren. Mehrloch-Bohrlehren, wie in der Beschreibung dargelegt, hatten wir nicht, außerdem waren wir im Bergbau, da war Präzision nicht immer wirtschaftlich und sinnvoll, dafür gab es schwere Vorschlaghammer. Hauptproblem bei dieser Tätigkeit war die geringe Standfestigkeit der Bohrer. Trotz Kühlung und peinlich genauer Anwendung der Meistervorgaben zum Umgang mit der Schienenbohrmaschine waren die Bohrer extrem schnell stumpf, teilweise gelang es gerade einmal ein Loch damit zu bohren. Zu einem Schienenstoß gehörten aber 4 Löcher. Wir haben uns redlich Mühe gegeben, es war eine echte Herausforderung, Leistung zu bringen. Aber oft oder besser meist war die Schärfe aller Bohrer lange vor Feierabend aufgebraucht. Die stumpfen Bohrer wurden auf dem Rückweg in der Dreherei in der Werkstatt I in Roitzsch abgegeben um im Wechsel geschärfte Exemplare mitzunehmen. Oft auch übernahm den Wechsel der Meister, lieferte sie dann mit der riesigen Tasche auf dem Motorradgepäckträger an uns aus. Auf dieser Baustelle gab es dann noch eine brenzlige und eine lustige Situation.

Die Brenzlige: Zu den Aufgaben gehörte es auch, Material für den Gleisbau vom Eisenbahnwaggon abzuladen, so auch Schienen, 25 Meter lang. Die wurden mit der Brechstange vom Wagen gekantet und fielen neben das vorhandene Gleis. War eine Schienenlänge entladen, wurden die Eisenbahnwaggons mit der Planierraupe auf die nächste Entladelänge gezogen. Trotz geringster Neigungen konnte so ein schwerer Zug doch ganz ordentlich Fahrt aufnehmen. An einigen Wagen waren mechanische, von Hand zu betätigende Bremsen vorhanden. Aber es wurde einmal verpasst, diese rechtzeitig zu betätigen. Mein Kollege Michael Teresniak sprang auf den sich bewegenden Zug auf, rutschte aber vom runden Puffer ab und war in Gefahr unter den rollenden Zug zu geraten. Es ist gerade noch mal gut gegangen, der Schreck in mir saß tief.

Die Lustige: Wir hatten einen zweiachsigen Baustellwagen als Wetterschutz und Materialwagen zur Verfügung. Dort fanden wir uns zum Frühstück und zur Mittagspause ein. Interessant war es, als Otto Lehmann genüsslich seine frische Gewürzgurke aus der Alufolie auspackte, die Alufolie, wie wir alle es immer machten, zu einem kleinen Ball zusammendrückte und dann die Gurke wegwarf. Es war schade drum.

Stellwerk 42

Später, 1976, nach Abschluss der Maßnahme auf der Freiheit III, war es nachmittags schon sehr zeitig dunkel. Ende November erfogte der Einsatz der Planierraupe 58 im Bereich des Stellwerkes 42 im Bereich unterhalb der Werkstatt I am südöstlichen Rand der Ortslage Roitsch. Vorgesehen war dort die Erweiterung des Bahnhof, um die Aufschlussabraummassen aus Delitzsch-Südwest zur Freiheit III und später auch geförderte Kohle zum Wolfener Wechsel zu bringen. Der Einsatz erfogte zweischichtig, zweiter Mann auf der Raupe war Gerd Prautzsch, für ihn ein Heimspiel, er wohnte zu diesem Zeitpunkt noch in Petersroda, nur etwa einen Kilometer von der Erdbaustelle entfernt.

Ziemlich zum Anfang dieser Maßnahme in der zweiten Schicht, ich schwelgte gerade mit einem Programmheft „Film für Sie" des Progress Filmverleih der DDR über den Film „Fluchtpunkt San Francisco". In dem Film spielen am Anfang und am Ende des Filmes zwei Bulldozer CAT eine Rolle. Ich saß im Grunde in einer solchen Maschine. Da kamen plötzlich mehrere Militär LKW Ural und SIL die kleine Rampe von der Verbindungsstraße zwischen Petersroda und Roitzsch heruntergefahren. Alle hielten an. Aus einem der LKW kam ein Soldat der Sowjetarmee mit einem Kofferradio heraus, kam zu mir und bot es mir an. Von solchen Verkäufen von Material, Benzin und ähnlichem hatte ich schon oft gehört, es aber noch nie selbst erlebt. Das Kofferradio war ein Alpinist, ein recht verbreiteter Typ mit Mittelwelle und Langwelle, betrieben mit 9 Volt (zwei Flachbatterien). Ich hatte nur 40 Mark dabei, für mich viel Geld, das war den Russen aber zu wenig. Sie verschwanden wieder. Inzwischen ging ich zum einachsigen Wohnwagen um Frühstück zu machen. Dann klopfte es unverhofft an der Tür, der Soldat stand wieder davor, hielt mir das Radio hin und sagte gebrochen 40 Mark. Ich prüfte noch mal die Funktion und bezahlte. Im Grunde hatte ich das Radio nicht benötigt, war wohl ein Habenwollenreflex, jedoch nutzte ich das Radio während meines gesamten Wehrdienstes und verkaufte es dann sogar weiter. Es erwies sich als sehr robust und preiswert in der Nutzung, die Flachbatterien hielten sehr lange und waren billig. Ja und die 40 Mark wurden von den Russen sicher recht schnell im nächsten Konsum oder in der HO gegen Wodka getauscht.

SIL LKW waren zu diesem Zeitpunkt öfter in Sichtweite unterwegs, zivile, zur Wismut gehörend, die Bohrspülung zu den Bohrgeräten brachten. In den 70er Jahren gehörten sie zum festen Bild in der Landschaft um Delitzsch, bohrten sie doch ziemlich engmaschig das Land nach Bodenschätzen ab. Den zentralen Stützpunkt, ihr „Lager", hatte die Wismut in Delitzsch, auf einem Gelände unterhalb des Oberen Bahnhofs.
Und in der Nähe der Bohrlöcher stand meist Schlamm und Wasser. Wenn noch viel

Regen dazukam, war das Gelände nahezu unpassierbar. Dort habe ich es erlebt, der Schlamm mit Wasser oder das Wasser mit Schlamm lief an einer Seite in das LKW Führerhaus rein und durch etwas Schrägstand an der anderen Seite wieder raus. Der LKW zog sich auch aus dieser Situation raus, langsam zwar, aber ohne fremde Hilfe. Das war so heftig, ich war mir nicht sicher, ob ich mich mit meiner Planierraupe dort reingetraut hätte.

Einmal während einer Frühschicht hatte ich mit der Raupe einen Kettenriss links. Ich planierte im ersten Gang, es gab einen dumpfen Knall und noch bevor ich verstanden hatte, was geschehen war, blieb die Raupe ohne Vortrieb stehen. Da war natürlich Feierabend. Am nächsten Tag kamen Kollegen der Hilfsgerätewerkstatt Muldenstein mit einem Reparaturwagen, legten die Kette wieder auf und machten die Raupe zum Abtransport in die Werkstatt fertig. Ursache für den Schaden war, dass das Fahrwerk bereits stark verschlissen war. Glück dabei war, dass es an einer trockenen, ebenen Fläche passierte. Eben ist deshalb ein Stichwort, da ich die Fähigkeit, ein gerades Planum zu schieben, nie wirklich gut beherrscht habe. Als Ersatz kam eine andere Planierraupe, die S 100 Nr. 4. Das war eine Maschine, wo das Planierschild mit Seilzug betätigt wurde, in den Boden gelangt man nur mit dem Eigengewicht des Planierschildes. Mit dieser Technik kam ich nun gar nicht zurecht. Bei einem der üblichen täglichen Besuche durch den Brigadier Otto Lehmann sah er das Dilemma, gab seine nie wirklich böse gemeinten Schimpfkanonaden von sich und arbeitete selbst die halbe Schicht mit der Raupe. In dieser Zeit planierte er eine größere Fläche als ich es in der Woche geschafft hätte. Ein alter Raupenfahrer eben.

Ich erwähnte bereits, in der zweiten Schicht wurde es bald dunkel, arbeiten mit dem Bordmittel an Licht an der Maschine äußerst schwierig. Was war die Lösung? Es wurde abgewartet, bis der Meister Klaus Srednicki mit Sicherheit an der Baustelle vorbei auf dem Nachhauseweg war, er wohnte in Bitterfeld und dann ab aufs Moped und nach Hause. Es konnte schon mal vorkommen, dass ich trotz II. Schicht pünktlich 18:00 Uhr bei meinen Kumpeln in der Kneipe war. Wir hatten für solche Umstände immer den Spruch: „Später springt mein Moped nicht mehr an" parat.

1977

Baggertransport 1401, 1055

Anfang 1977, es war am Abend schnell dunkel und kalt, teilweise erheblicher Frost und Schneefall. Für mich begann wiederum im zweischichtigen Einsatz der Transport der Tagebaugroßgeräte Bagger 1401 SRs 1200 und Absetzer 1055 As 1600 vom Tagebau Holzweißig zu ihrem neuen Einsatzort, der Bagger 1401 nach Delitzsch-Südwest, der Absetzer 1055 zur Freiheit III. Gut errinnern kann ich mich an zwei Eckpunkte. Am Montag dem 03.01.1977 brachte ich in Erfahrung, dass in der Zweiradverkaufsstelle Willibald Müller in Delitzsch am Roßplatz das Moped S 50 N frei verkäuflich angeboten wurde. Diesen Fakt gab ich am Abendbrotstisch meiner Familie an. Ich hatte etwas Geld gespart, zum Gesamtpreis von 1.200,00 Mark reichte es jedoch nicht. Ich bekam relativ problemlos etwa ein Drittel der Gesamtsumme von meinen Eltern geliehen. Wissend, dass dort Geld auch nicht reichlich vorhanden war. Mein Vater selbst argumentierte mit dem Komfort und der Zuverlässigkeit eines neuen Fahrzeuges, so dass ich am kommenden Tag, am 04.01.1977, stolz ein neues Fahrzeug erwerben konnte.

Eine Anmeldung für den Kauf eines S 50 B hatte ich bereits, das habe ich erheblich später dann auch noch kaufen können. Nicht so positiv sah es natürlich mein Vater, gleich bei Winter und Wetter damit auf Piste zu gehen. Das war der Weg zur Arbeit und nunmal erforderlich. Auch interessant war die Arbeit selbst. Zur Mittagspause in der 2. Schicht, also bei Dunkelheit, ging es mit der Planierraupe zum Dorfgasthof nach Petersroda. Die Fahrerkabine der T 100 M 3 war proppevoll mit mehr Personen als Sitzplätzen und das mit den dicken Winterklamotten, Wattejacken usw. Schneefall, Funzellicht, kaum Sicht, aber eben viele Augen die halfen, zu navigieren. Ansonsten war die Aufgabe für die Planierraupen wieder das Ziehen von Schlitten, beladen mit Gleisjochen (1055). Planierarbeiten, auf Grund der Minustemperaturen sowieso nahezu unmöglich, waren nicht erforderlich. Die Transporttrasse war bereits in der frostfreien Zeit hergerichtet worden und die landwirtschaftlich genutzten Felder waren eh eben, kleinste Unebenheiten spielten keine Rolle.

Bagger 1401 während des Transportes (LVZ vom 21.02.2006)

Bereitschaft, junger Mann

Seit Beginn meiner Tätigkeit wurden Mitarbeiter in einem festen Rhythmus, jedoch in größerem Abstand zur Arbeitsbereitschaft eingeteilt. Es kam jedoch nie dazu, tatsächlich für Maßnahmen nach Feierabend und insbesondere am Wochenende herangezogen zu werden. Daher nahm ich es als junger Mensch auch auf die leichte Schulter, ging meinen üblichen Tätigkeiten am Wochenende nach. Einmal jedoch, an einem Sonntagmorgen, weckte mich meine Mutter aufgeregt und meinte, ich solle auf Arbeit kommen. Ein junger Mann mit Motorrad war da. Ich grübelte, zum einen war ich am Vorabend bei meinen Kumpels Skat spielen – und Bier trinken, zum anderen kannte ich auf meiner Arbeitsstelle keinen jungen Mann mit Motorrad. Mühsam machte ich mich fertig, nicht ohne von meiner Mutter mit Stullen versorgt zu werden und fuhr mit meinem Moped zur Arbeitstelle. Was zu tun war, war schnell erkennbar, mehrere Eisenbahnwaggons mit Schienen waren angekommen und mussten schnellstmöglich entladen werden, um Standgebühren der Wagen einzusparen. Und wer der junge Mann war stellte sich dann auch heraus. Es war Winfrid Fischer, Meister mit blauem Motorrad. Er war zu diesem Zeitpunkt 35 Jahre, für mich alt, für meine Mutter „jung".

Mutterbodenabtrag Delitzsch Nord

So etwa ab Ende März bis kurz vor Beginn meines Grundwehrdienstes bei der NVA erfolgte ein Einsatz mehrerer teils schwerer Geräte im Stadtgebiet von Delitzsch, im Delitzscher Norden. Warum?

Geplant war dort die Errichtung eines neuen Wohnkompexes, dem Neubaugebiet Delitzsch Nord. „Neubauten" als Erweiterung der Siedlungsfläche der Stadt im Norden hat es schon viele gegeben. Die Entwicklung der Bitterfelder Straße in nördliche Richtung. Die Fortsetzung erfolgte durch Gebäude im Bauhausstil bis zum unmittelbaren Beginn des Delitzscher Wasserwerkes und der Gebäude der AWG Aufbau Delitzsch und der Siedlungsbaugenossenschaft der Bahn in den Bereichen Mittelstraße, Zeppelinstraße bis hin zur Bitterfelder Straße.

Nun sollte ein neuer, weitaus größerer, Wohnkomplex entstehen. Dieser sollte der Wohnungsbaupolitik des Landes gerecht werden. Im Wesentlichen ging es aber darum, Wohnraum zu schaffen für die wachsende Anzahl von Mitarbeitern im Braunkohlenbergbau, aber auch für andere Unternehmen und Familien aus devastierten Ortschaften.

Zunächst kam „nur" eine Planierraupe T 100 zum Einsatz, gefahren von zwei neu eingestellten Kollegen, zwei Freunden aus dem Ort Zschortau. Bei einer Befahrung, dem Besuch der Baustelle mit meinem Meister Klaus Srednicki, fanden wir die beiden Kollegen schlafend in der Planierraupe vor, bei laufendem Motor. Eine Leistung an sich, der Motor ist extrem laut. Ich möchte da aber zurückhaltend sein, so ähnlich ist mir das auch schon passiert. Ich weiß auch nicht, ob der Spitzname für den einen Kollegen dieser Situation geschuldet war. In jedem Fall war er dann bis zum Ende seiner Tätigkeit der „faule Heinz".

Die Aufgabe aber war doch recht umfangreich, die gesamte später zu bebauende Fläche sollte vom Mutterboden befreit werden. Zur Verladung wurde per Tieflader unser UB 162 umgesetzt. Eingesetzt wurde er mit relativ kurzem Ausleger, 15 Meter und Greifer ca. 2,0 m^3. Beladen wurden damit Krazz 256 vom Kombinat Erdbau Thalheim. Wann immer es die Arbeit als Maschinist zuließ, am Bagger konnte ja nur gearbeitet werden, wenn der Bagger selbst nicht im Betrieb war, wurde also im Krazz als Beifahrer mitgefahren. Da spielte es auch keine Rolle, dass die Fahrstrecke recht kurz war, die Entladestelle für den Mutterboden war die Baustelle der zukünftigen Unteroffiziersschule in Benndorf. Es war für mich, 19 Jahre jung und auch bereits im Besitz der Fahrerlaubnis für alle Klassen, damit auch für LKW, ein Erlebnis. Da die „Erdbau Truppe" des Kombinates Erdbau Thalheim groß war, war die Leistungsfähigkeit der Beladung und des Abtransportes der Erdmassen sehr hoch. Das Heranbringen der Erdmassen mit der T 100 wurde sehr bald zum Nadelöhr. Daher kam bald auch noch eine weitere Maschine zum Einsatz, eine DET 250. Es war im gesamten Kombinat die Nummer 6 und die erste dieser Größe im Tagebau Delitzsch-Südwest. Die Fahrer im zweischichtigen Betrieb waren Manfred Klein und Roland Herale. Nun war ein Gerätekomplex im Einsatz, der leistungsfähig war und der „Spaß" machte, es ging richtig voran. Spaßige Episode war folgende: Der örtliche Baubetrieb VEB REKO Bau, der mit umfangreichen Vorbereitungsarbeiten für die Großbaustelle beauftragt war, bekam nahezu täglich Material, Mauersteine zum Beispiel. Diese wurden vom LKW abgekippt, nicht ökonomisch, es gab viel Bruch, aber so war es. Eine abgekippte Fuhre Mauersteine nahm viel Platz ein. Die Bauleute brauchten den Platz und es war natürlich eine Ehre, eine ordentliche Baustelle zu führen. So wurden in der Frühschicht, der Baubetrieb arbeitete nur einschichtig, die Mauersteine ordentlich gestapelt, meistens von Lehrlingen. In der 2. Schicht kam der Baggerfahrer Reiner Fritzsche immer mit Fahrrad und Dogger, einem Fahrradanhänger. Zum Feierabend fuhr er dann immer zum Steinstapel, packte seinen Dogger voll und fuhr damit in seinen Garten. Dort sollte ja eine neue Laube entstehen. Wir witzelten immer, warum er die bereits gestapelten Steine klaue, er könne die ja auch vom Haufen nehmen. Er war der Meinung, das sei rückenschonender. Aber er bekam seine Strafe. Eines Tages kam er zur 2. Schicht ohne Fahradanhänger, was natürlich sofort auffiel. Auf die Frage, wo denn der Dogger sei, antwortete er: „Gestern Abend zusammengebrochen die Scheiße". Es war eine schöne Baustelle, nicht weit weg vom Elternhaus, aber dann auch die vorläufig letzte für mich. Anfang Mai begann mein Grundwehrdienst bei der NVA. Davor kam es noch zu einem „kleineren Zwischenfall". Der erste Abschnitt der Arbeiten war beendet, alle Kettenfahrzeuge mussten mit einem Tiefladertransport zum nächsten Einsatzort gefahren werden. Über eine größere Transportentfernung wäre es erforderlich gewesen, den Ausleger, den Auslegerbock, das Führerhaus und das Gegengewicht des UB 162 zu demontieren und einzeln zu transportieren. Aber wir hatten ja nur einen kurzen Transportweg, einmal quer durch Delitzsch. So waren wir uns mit der Transportabteilung einig, die Maschine im aufgerüsteten Zustand zu transportieren. Der Transport erfolgte mit Begleitung der Volkspolizei. Der UB 162 war mit montiertem Ausleger und dem dann gleichzeitig montierten Gegengewicht ca. 65 Tonnen schwer. Er wurde rückwärts auf den Tieflader platziert, der Ausleger ragte nach hinten. Baggerfahrer war Rainer Mittmann, er hatte die Aufgabe den Bagger und somit den Ausleger „mitzudrehen" um in den Kurven durch das enge Zentrum von Delitzsch nicht anzuecken. Links und Rechts auf dem Bagger, er war rundum begehbar, stand der Brigadier Otto Lehmann auf der rechten Seite, ich stand links. Aufgabe war es, mit einem Besen eventuell frei hängende Telefonleitungen nach oben zu drücken und langsam darunter durch zu fahren. Wir hatten den größten Teil der Strecke im Ort bereits hinter uns und bogen von der August-Bebel-Straße in die Richard-Wagner-Straße ein, hoben ein Telefonkabel zwischen einem Wohnhaus, dem Eckhaus Leipziger

Straße/Richard-Wagner-Straße und dem Gebäude des Gasthauses „Stadt Leipzig" an, alles ging gut, das Kabel rutschte über den Auslegerbock, blieb aber am Führerhaus hängen und wurde dann aus dem Eckhaus herausgerissen. Nun, wir bereinigten die Situation das wir weiter fahren konnten, die Polizei kümmerte sich um alles weitere. Im Tagebau sind wir dann problemlos angekommen. Die Spuren der wiedereingebauten Kabelbefestigung waren viele Jahre später (für mich) erkennbar.

Ein neuer Chef

Ab 1. März 1977, ein Jahr nachdem ich in der Abteilung Erdbau und Transporttechnik im Tagebau Delitzsch-Südwest angekommen war, bekamen wir einen neuen, weiteren Chef, Abteilungsleiter Günter Kirsten. Die Anzahl der Mitarbeiter war inzwischen massiv gewachsen. Kollegen kamen aus den unterschiedlichsten Betrieben des Landkreises dazu, aus dem Agrochemischen Zentrum, räumlich in direkter Nachbarschaft gelegen, aus Baubetrieben, mehrere aus landwitschaftlichen Produktionsgenossenschaften Brodau und Glesien, aus dem Leichtmetallwerk Rackwitz, aus Kiesgruben, aber auch von der Wismut. Sie waren ursprünglich aus dem Raum Dresden/Königstein kommend in diesem Zeitraum in Delitzsch tätig und wegen der Liebe hier hängen geblieben. Dazu natürlich viele weitere Kollegen aus dem Tagebau Holzweißig und anderen Abteilungen des BKK Bitterfeld.

So musste auch die Leitungsstruktur wachsen, eine Aufspaltung in mehrere Meisterbereiche, zunächst Erdbau und Transport erfolgte. Bis zum Ende des Tagebaus wurden diese Meisterbereiche weitere Male entsprechend der Aufgabenstellungen getrennt. Es waren dann die Meisterbereiche Bagger und Ladegeräte, Planierraupen, Personentransport, Gütertransport und Ratiowerkstatt. Ich kannte Günter Kirsten nicht. Als ich ihn jedoch erstmals zu Gesicht bekam, wusste ich, den habe ich schon gesehen. Für solche Dinge habe ich ein fotografisches Gedächtnis. Ich habe in meinen Zeitschriften nachgeschaut und in der Ausgabe 4/1976 der Zeitschrift Jugend und Technik habe ich ihn dann gefunden. Ich habe damals nahezu alle Zeitschriften meines Interessenbereiches gekauft und gesammelt, den „Deutschen Straßenverkehr", den „Illustrierten Motorsport", die Zeitschrift „KfZ-Technik", manchmal den „Funkamateur" und eben die „Jugend und Technik".

Günter Kirsten war vom 01.03.1977 bis Mitte 1987 mit einem Jahr Pause für eine außerbetriebliche Weiterbildung Abteilungsleiter. Er hat danach die Leitung der Abteilung Instandhaltung übernommen. Seine Motivation oder ob er dazu gedrängt wurde, habe ich nie erfahren. Sollte ich aus heutiger Sicht eine Bewertung zum „Chef" abgeben müssen, ich würde schon ein sehr gut geben, auch wissend, dass andere Kollegen das sicher anders sehen.

Im Bilde ist…

. . . Günter Kirsten (auf der Abb. erster v. rechts). Mancher Amateurfunker unserer Republik wird schon über DMO mit Bitterfeld in Verbindung getreten sein. Aber nicht von dieser Station soll die Rede sein, sondern über ein Mitglied dieser Sende- und Empfangsstation, von Günter Kirsten, 26 Jahre, Ingenieur für MSR-Technik, tätig als Ingenieur für Mechanisierung in der Hauptabteilung Erdbau- und Transporttechnik im BKK Bitterfeld.

Überall dort, wo Günter tätig war, hat er sich bemüht, die Arbeit leichter und angenehmer zu gestalten. Ob als Brigadier einer Brigade für Metallaufbereitung (MAB), später als Meister, dann in seiner jetzigen Tätigkeit. Als Neuerer hatte er immer „die Nase vorn", knobelte und ärgerte sich, weil manche dachten, nun ja, der Günter hat ein Fernstudium gemacht, hat Einblick in zahlreiche Probleme, kennt die Zusammenhänge, da kann er schon etwas ausknobeln. Stets hat er mit uns das Gespräch gesucht, auch gefunden und festgestellt, daß unter Jugendlichen eine klare und unmißverständliche Sprache gesprochen wird. Manche Meinung ist da zu hören, die sonst verschwiegen wird. Warum das so ist, wissen wir auch nicht.

Da hatte er in Gesprächen von unseren Gedanken erfahren, wie dies und jenes besser gemacht werden könnte, jetzt galt es, diese Ideen zu verwirklichen. Wir saßen viele Stunden als junge Kraftfahrer und Kfz-Schlosser zusammen, knobelten und probierten. So entstand unser Jugendneuererkollektiv. Wir waren selbst etwas überrascht, daß innerhalb von nur neun Monaten 14 Exponate erarbeitet wurden. Vor Jahren standen wir noch in der Kreide, jetzt wurden die vier besten Exponate auf der Kombinatsmesse ausgestellt. Gewiß, wir hatten noch mehr Ideen, aber Günter überzeugte uns: Man kann nicht auf Anhieb mehrere Ideen gleichzeitig durchsetzen; sollten andere in der Lage sein, diese schneller und effektiver zu realisieren, so müßten wir ihnen unsere Vorstellungen vermitteln. Noch etwas haben wir von Günter gelernt: Im Kollektiv arbeitet es sich besser, gemeinsam lassen sich die Ideen schneller durchsetzen.

Die Erfahrungen in unserem Kollektiv sind von der Leitung unserer FDJ-Grundorganisation verallgemeinert worden, nicht zuletzt dadurch, daß Günter schon über zwei Wahlperioden der Leitung der FDJ-Grundorganisation „Hans Marchwitza" angehört.

Gegenwärtig gibt es fünf Jugendneuererkollektive, die einen wesentlichen Beitrag für die MMM-Bewegung in unserem Kombinat leisten.

Jetzt knobelt Genosse Kirsten an der Entwicklung der Schwertransporte für die Einführung des Baugruppenaustausches und -ersatzverfahrens. Diese Aufgabe hat er im Rahmen der Santalow-Bewegung übernommen. Er hat lange mit sich gerungen, ehe er dazu ja gesagt hat. „Es hat einfach Konsequenzen, wenn es heißt, bis zum IV. Quartal erste Ergebnisse auf den Tisch zu legen, für Arbeiten, die erst in den nächsten fünf Jahren Wirklichkeit sind. Anfangs hat es nur an Mut gefehlt", gesteht er. Heute weiß er, daß es eine Art Dokumentation sein wird. Günter weiß auch, daß wir ihn dabei, soweit es möglich ist, mit unseren Erfahrungen und dem Studium entsprechender Fachliteratur unterstützen.

Jugendredaktion BKK Bitterfeld

Wir reservieren auch weiterhin in jedem Heft eine Seite für Freunde, die im Bilde sind. Stellt sie uns auf ein oder zwei Schreibmaschinenseiten und auf einem Foto vor: Freunde aus Eurer Mitte, die durch ihr Verhalten und ihre Handlungen Vorbild sind.

Das Kollektiv, aus dessen Reihen jemand in unserer Zeitschrift vorgestellt wird, erhält 100 Mark überwiesen.

Unsere Anschrift: Redaktion „Jugend und Technik", 1056 Berlin, Postschließfach 43, Kennwort: Im Bilde.

Jugend und Technik 4 · 1976 319

1978

Kredit

Nach der Entlassung vom Grundwehrdienst bei der NVA wurde uns auferlegt, sich innerhalb von einer Woche im Betrieb zu melden. Dort gab es einen üblichen Laufweg im Bereich der Hauptverwaltung Kreuzeck in Bitterfeld. Neben einem Gespräch bei der Kaderabteilung, das sich später noch als sehr richtungsweisend erweisen sollte, wurde auch eine Vereinbarung über einen zinslosen Kredit in Höhe von 1.000,00 Mark abgeschlossen. Dieser sollte, je nach Leistungseinschätzung, nach 5 Jahren ganz oder teilweise erlassen werden. Der Kredit diente dazu, Mitarbeiter im Betrieb zu halten, aber auch betriebsfremde Mitarbeiter nach dem Wehrdienst anzulocken, was teilweise auch erfolgreich war. Ich selbst hatte keinerlei Ambitionen zu wechseln, obwohl ein leitender Mitarbeiter einer örtlichen PGH während meiner Armeezeit mich genau davon zu überzeugen versuchte. Einerseits schmeichelte mir das Angebot, eine Tätigkeit in einer PGH hatte durchaus Vorteile. So wäre meine Arbeitsstelle nahezu fußläufig von meinem Wohnort erreichbar gewesen. Der „Werbende“ war ein guter Bekannter meines Bruders, jedoch sagte mir mein Bauchgefühl und die extrovertierte Art des Werbenden, lass das und dann habe ich es gelassen.

VERTRAG

über die Gewährung eines Kredites

Zwischen dem

VEB Braunkohlenkombinat Bitterfeld

vertreten durch den Kombinatsdirektor

und dem

Kollegen Bernd Pache

wohnhaft in: 727 Delitzsch, Lauesche Str. 50

wird folgender

VERTRAG

abgeschlossen.

§ 1

Zur materiellen Unterstützung des Werktätigen bei der Eingliederung in den Arbeitsprozeß bzw. bei der Einrichtung einer Wohnung gewährt der VEB BKK Bitterfeld dem Kollegen

Bernd Pache

auf der Grundlage des Ministerratsbeschlusses vom 1. 3. 1971 einen Kredit in Höhe von

M 1.000,--

§ 2

Der Kredit wird spätestens am .... ausgezahlt

§ 3

Der Kredit ist unverzinslich.

§ 4

1. Der Kollege Bernd Pache verpflichtet sich, den Kredit an den VEB BKK Bitterfeld zurückzuzahlen, falls innerhalb einer Frist von 5 Jahren, beginnend mit dem Tag der Auszahlung des Kredits, das Arbeitsrechtsverhältnis aufgelöst wird.
2. Die Rückzahlung des Kredites muß spätestens einen Monat nach Ausscheiden aus dem Betrieb erfolgen.

§ 5

1. Der VEB BKK Bitterfeld entscheidet nach Ablauf der Frist von 5 Jahren, in welchem Zeitraum der Kredit zurückzuzahlen ist, bzw. ob auf die Rückzahlung teilweise oder ganz, entsprechend den Leistungen des Werktätigen, verzichtet wird.
2. Der VEB BKK Bitterfeld verzichtet auf die Rückzahlung des noch offenen Kreditbetrages, falls Tod oder Invalidität des Werktätigen eintritt.

§ 6

Hat das zwischen den Vertragspartnern bestehende Arbeitsrechtsverhältnis kraft des Gesetzes oder auf Grund vertraglicher Vereinbarungen geruht, verlängert sich die in den §§ 4 und 5 festgelegte Frist von 5 Jahren um diese Zeit der Unterbrechung.

Bitterfeld, den 6. 11. 1978

Bernd Pache — Kombinatsdirektor

Registrier-Nr. 8856 – Ag 307/78 – 105 Fla 1 T 790

Montageplatz AFB 23 EO 3322 A defekt

Ende 1978 wurde ich auf dem Montageplatz für die Förderbrücke und dem dazu gehörenden Bagger zu Schachtarbeiten eingesetzt. Der dort zuständige Meister war Werner Günther, aber unter diesem Namen kannte ich kaum jemand. Er hatte einen Spitznamen „Hiesode“, ob das so überhaupt richtig geschrieben ist, ist wohl auch unklar. Den Namen hat er wohl an seiner ehemaligen Wirkungsstätte, einer ehemaligen Elektrostation im Bereich der Hochkippe des Tagebau Holzweißig bekommen. Es war die Station III, ein Stützpunkt der Abteilung ETT. Dort hat er einem Kollegen, der nicht wirklich verstanden hatte wo er sich mit einem Fahrzeug hinbegeben solle, den Platz gezeigt und gesagt „Hier soden“.

Mit dem Auslaufen des Tagebau Holzweißig fand der Kollege einen neuen Arbeitsplatz als Meister mit speziellen Arbeiten zur Herrichtung von Feinheiten des Montageplatzes, nachdem dieser als riesige Betonfläche vom BMK Erdbau Thalheim gefertigt wurde. Nach einer Pause mit dem EO Bagger wollte ich ihn wieder starten, das übliche Prozedere. Zum Starten des Baggers musste man sich per ausgeklappter Leiter auf eine Plattform am Heck des Baggers, die wiederum auch zunächst ausgeklappt werden musste, oben hinter den Motor begeben. Der Start ging dann so: mit einem kleinen Elektroanlasser startete man einen Einzylinder Zweitakt Benzinmotor. Wenn der dann lief, konnte man über einen Kupplungshebel den Dieselmotor starten. Aber nachdem der Benzinmotor angesprungen war, ging er wieder aus, und zwar mit einem unangenehmen metallischen Geräusch. Das klang nicht gut und war es auch nicht. Der Motor war festgefressen. Was war passiert? In der Abteilung waren inzwischen mehrere Planierraupen im Einsatz, alle ebenfalls mit einen Benzinanlassmotor wie auch der EO 3322 A. Unterschied aber war, die Anlassmotoren der Planierraupen waren Viertaktmotoren, der Anlassmotor des EO 3322 A ein Zweitaktmotor. Und der Zweitaktmotor benötigte ein Kraftstoffölgemisch zur Schmierung, der Viertaktmotor nicht. Da wurde schlicht das Benzin vertauscht oder gar nicht richtig gekennzeichnet. Zum Tausch des Anlassmotors kamen die Kollegen der Hilfsgerätewerkstatt. Es war kurz vor Weihnachten, sehr heftiger Wind, der Bagger stand ja so, wie ich ihn abgestellt hatte, genau in Windrichtung. Das war tierisch kalt, ich konnte mich ja nirgendwo hin verkriechen, wo es warm war. Der Bagger mit seiner ansonsten fantastischen Heizung lief ja nicht. Habe die Maßnahme lange in intensiver Erinnerung behalten.

1979

Jahreswechsel 1978/1979

Die Schneekatastrophe 1978/1979 war ein Schneefall mit Schneesturm in Nord-, Mittel- und Ostdeutschland sowie angrenzenden Gebieten wie Dänemark, Südschweden (Schonen) und dem nördlichen Polen zur Jahreswende 1978/1979 von außergewöhnlichem Ausmaß. Ein zweites Ereignis im Februar 1979 führte ebenfalls zu schweren Behinderungen in weiten Gebieten Norddeutschlands. So steht es Stand 01.11.2021 in wikipedia.org geschrieben. Wie habe ich es erlebt? Noch am 30.12.1978, es war ein Samstag, war ich mit meinem Kumpel Hans-Jürgen Sennak und weiteren zur Disko in Döbernitz. Gegen 23:30 Uhr begaben wir uns zu Fuß auf dem Lindenweg, einem kleinen Fahrradweg parallel der Reichsbahnstrecke am Oberen Bahnhof vorbei nach Delitzsch zur Gaststätte „Zur Linde“. Diese hatte an Samstagen immer bis ein Uhr geöffnet. Auf dem Weg zur „Linde“ und dann nach Hause war es verhältnismäßig warm. Ich hatte eine dicke Winterjacke an, die musste ich offenlassen und kam trotzdem ins Schwitzen – und das Ende Dezember. Sonntag war mein Plan, bis Mittag zu schlafen, Mittag zu essen und dann mit dem Zug nach Leipzig zu fahren und mit meinem Bruder Silvester feiern. Schon als meine Mutter mich gegen 11:00 Uhr weckte, stellte ich fest, da stimmt was nicht. Merkwürdiges Licht fiel durch das kleine Fenster ins Zimmer. Es schneite und nicht wenig, der Schnee blieb auch liegen. Das war schon komisch, plötzlich so kalt. Nach dem Mittagessen machte ich mich für Silvester fertig, rasieren, anziehen und ab zu Fuß zum Bahnhof. Meistens auf der Straße, der Schnee auf den Gehwegen war teilweise schon recht hoch, dort wo nicht geräumt war und auf der Straße war eh kaum Verkehr, aber der vorhandene Schnee zumindest platt gefahren. Im Bahnhof dann die nächste Überraschung, der Bahnhof proppenvoll. Der vor meiner Abfahrt vorgesehene Zug war ausgefallen, mein Zug fuhr dann aber mit ca. 45 Minuten Verspätung. Die Haltezeiten an den Bahnhöfen Zschortau, Rackwitz und Wiederitzsch waren länger als sonst, der Zug gerammelte voll, es war fast schon zu bereuen, eine Fahrkarte gekauft zu haben. An einem Signal vor der Einfahrt in den Leipziger Hauptbahnhof kam der Zug dann endgültig zum Stillstand. Einige, die sich offensichtlich gut auskannten, verließen den Zug um gegenüber in die Mockauer Straße zu einer Straßenbahnhaltestelle zu laufen. Das war nicht ganz ungefährlich, auf freier Strecke ist so ein Ausgang aus dem Personenwagen sehr hoch. Es hörte nicht auf zu schneien und ich beschloss, es den anderen gleich zu tun. Klappte auch sehr gut, kaum an der Straßenbahnhaltestelle angekommen kam eine Straßenbahn in Richtung Hauptbahnhof. Das Bezahlsystem der Straßenbahn war sehr einfach, man warf das Geld in einen Schlitz, zog am Hebel, das Geld verschwand, eine Fahrkarte kam raus. Funktionierte auch ohne Geld. Am Hauptbahnhof dann auch sehr viel Schnee, aber die Straßenbahnen fuhren ständig und bald auch eine Richtung Leutzsch, mein Bruder wohnte in der William-Zipperer-Straße. Fast vier Stunden später als vorgesehen kam ich bei ihm an, Silvester konnte beginnen, mit gutem Essen, Trinken und bester Laune. Weit nach Mitternacht war ich mit meinem Bruder noch mal an der frischen Luft, alles bestens. Am nächsten Tag erfuhren wir aus dem Radio, dass es in der Nacht für große Teile Leipzigs Stromabschaltungen gegeben hatte. Wir blieben verschont, gestört hätte es uns vermutlich auch kaum, geheizt wurde im Ofen, Essen und Trinken waren reichlich vorhanden, für die Beleuchtung gab es Kerzen.

Der 1. Januar 1979 war geplant zur Erholung nach dem Feiern, am Abend einige wenige Biere, da ja für den 2. Januar die Rückfahrt nach Delitzsch mit dem ersten Zug vorgesehen war. Wann genau der Zug fahren sollte weiß ich nicht mehr, eine leichte Verspätung auf der Arbeitsstelle hatte ich angekündigt. Jedoch war das eine Zusage vor dem Wetterumschwung. Die Straßenbahn aus Leipzig Leutsch zum Hauptbahnhof fuhr zwar pünktlich los, es gab aber immer wieder Probleme mit vor uns fahrenden Straßenbahnen, sie blieben stehen. Ich vermute mal Probleme mit Schnee in den Weichen. So kam es, dass es schon lange hell war, als ich am Hauptbahnhof ankam. Auch dort ging es nicht gleich weiter. Ca. 10:00 Uhr fuhr dann ein Zug Richtung Dessau, gut geheizt, nach dem Frieren auf dem kalten Bahnhof ein Glücksfall aber eben nur bis Delitzsch. Dort ging es wieder raus in die Kälte und zu Fuß nach Hause. Dann sofort mit allen zur Verfügung stehenden warmen Sachen aufs Moped und über winterliche Straßen zum Tagebau Delitzsch-Südwest. Dort lief nichts. Zum Zeitpunkt meiner Ankunft konnte noch kein Fahrzeug zum Leben erweckt werden. Jeder, der da war, versuchte sich an seiner Maschine, an den wassergekühlten Motoren war zum Glück das Kühlmittel abgelassen. Das soll wohl nicht überall so gewesen sein, entsprechend groß waren die Schäden an den Motoren. Ich versuchte mich gemeinsam mit Kollegen Klaus Dieter Wilhelm am RS 09, einem kleinen Geräteträger mit luftgekühltem Motor. Dabei machten wir uns die Möglichkeiten des „Vorglühens" zu Nutze, drehten den Motor bis zum Erlahmen der Batterie, glühten wieder bis die Batterie leergezogen war. Dann Batterie wieder ausbauen, gegen eine geladene Batterie austauschen und erneut versuchen. Ich hatte hier die notwendige Geduld und bekam tatsächlich den Motor zum Laufen. Es war das erste Fahrzeug was lief. Nun, als nächstes versuchten wir den LKW S 4000 anzuziehen. Das war schwieriger als gedacht, man bekam den recht schweren LKW zum rollen, jedoch war er nicht beladen und die Straßen und Wege glatt vom Schnee. Mit der Handstreumethode mit Schaufel und Kies haben wir dann einen Straßenabschnitt parallel der E u E Baracke abgestumpft und den S 4000 tatsächlich zum Laufen gebracht. Das war das Ergebnis der harten Arbeit eines Tages zum Feierabend, zwei laufende Maschinen. Den RS 09 haben wir dann einfach über Nacht durchlaufen lassen, um am kommenden Morgen handlungsfähig zu sein. Mit seiner und der Hilfe des S 4000 konnten Batterien zu den anderen Geräten ausgefahren werden und so geordnete Arbeit, soweit die Winterbedingungen es zuließen, begonnen werden.

RS 09 im Vordergrund mit der Aufschrift A T Foto Jörg Münzer

Bild S 400 mit Fahrer Heinz Kunze Bild aufgenommen am Vorplatz der E u E Baracke 1977

In der Freien Presse Chemnitz vom 29.12.2008 stand auf einer Sonderseite zum Katastrophenwinter 1978/1978 u.a. folgendes:

„Die Katastrophe begann unscheinbar: Gegen Mittag des 28. Dezember 1978 fielen im äußersten Norden Deutschlands in Flensburg die ersten nassen Schneeflocken. Das Thermometer zeigte ein, zwei Grad über Null. Noch ahnte niemand, dass sich daraus in den folgenden Tagen eines der schlimmsten Unwetter des 20. Jahrhunderts in Deutschland entwickeln sollte."

Und weiter: Der Extremwetterexperte Jürgen Vollmer ist sich sicher: „Die Schneekatastrophe vom Jahreswechsel 1978/1979 gehört zu den ungewöhnlichsten Wetterereignissen des 20. Jahrhunderts." Auf dem Extremwetterkonkress in Hamburg referierte der Forscher über das Wetter-Phänomen vor 30 Jahren. Dabei handelte es sich um einen Blizzard – einer Kombination von starkem Schneefall und Sturm. In Europa sind derartige Wettersituationen sehr selten, weil Stürme hier eher mit milderen Wintertemperaturen verbunden sind. Ende 1978 war dies jedoch anders: Meteorologisch entscheidend war eine relativ südlich gelegene westöstliche Frontalzone, mit der eine zunächst ununterbrochene Folge von Wellenstörungen vom Atlantik herkommend ostwärts zog. Nördlich dieser Zugbahn baute sich über Rußland ein kräftiges Hoch auf. So entstand eine Strömung, die dem Süden Deutschlands anhaltend milde Luft aus dem Südwesten, dem äußersten Nordosten zunehmend arktisch kontinentale Luft aus dem Osten zuführte. Nördlich der sich stetig verstärkenden Luftmassengrenze kam es zu starkem Schneefall bei stark böigem stürmischen Wind. Im Norden brachte die arktische Polarluft bei klarem Himmel Temperaturen von minus 30 Grad Celsius. Auf dem Fichtelberg wurde am Mittag des 31. Dezember noch ein Grad plus gemessen. Am Neujahrsmorgen waren es dann minus 27 Grad.

KDA

Nach meiner Rückkehr vom Armeedienst Ende 1978 hatte sich die Abteilung weiter vergrößert. Viele Kollegen aus dem ehemaligen Tagebau Holzweißig, aber auch von anderen Betrieben der näheren Umgebung, waren dazugestoßen. So auch der Kollege Fritz Kern. Er, ein geborener Bayer, „kernig“ und frech teilte er gern aus, wurde aber zuweilen auch selbst zum Spottobjekt. So sagte man ihm nach, dass er für einen im Betrieb ausgesonderten PKW Typ „Moskwitsch 408“, den er gekauft hatte, eine Garage um das Auto herum gebaut hat und die Einfahrt mit Garagentor zu eng, so dass er nicht mehr rauskam. Ob das tatsächlich so war ist mir nicht bekannt, zugetraut wurde ihm das. Dieser Kollege hatte eines Tages seinen Moskwitsch 408 gegen einen Wartburg 311 oder 312 eines anderen Kollegen getauscht. War so eine Ansichtssache, manch einer schätzte die deutsche Qualitätsarbeit, vielleicht auch die Einfachheit der Konstruktion. Der andere die unbestrittene Bequemlichkeit und den Komfort des Moskwitsch. Dabei hatte ja auch der Moskwitsch deutsche Wurzeln. Mitte 1946 wurden die Fertigungsanlagen des Opel Kadett (Modell 1938) als Reparationsleistung von Rüsselsheim nach Moskau gebracht. Dort lief der Opel als Moskwitsch 400 vom Band, der 408 war ein späteres Nachfolgemodell.

Es war die Zeit, wo man nach Arbeitsbeginn 05:30 Uhr sein Arbeitsgerät bzw. Fahrzeug flott machte. Das Starten war im Winter schon mal ein aufwändiger Vorgang wie an meinem EO-Bagger. Aber auch die Probleme, die Dieselmotoren bei extremer Kälte in Gang zu bringen. Das bedeutete Zeitaufwand. Ob bereits mit oder ohne Arbeitsauftrag ging es dann zu 06:00 Uhr in die Kaffeeküche. Geraucht hat nahezu jeder, es gab also dicke Luft und heißen Kaffee. Fritz Kern ließ es sich nicht nehmen, mit seiner neuen Errungenschaft vorzufahren, um sich feiern zu lassen. Es war die Zeit, wo erstmals Kennzeichen für Fahrzeuge mit 3 Buchstaben am Anfang vergeben wurden. Für den Kreis Bitterfeld war es in diesem Fall ein KDA, was mich zur Bemerkung veranlasste „Kern das Arschloch“. Fritz Kern war bemüht, nach solchen Spüchen den Betroffenen mit Nichtachtung zu strafen, das hielt aber selten lange vor.

Eine weitere Unart in der Küche war es, die Frühstücksstullen, sofern eine Zeit lang unbeaufsichtigt, mit den Gummidichtungen von Kronkorkenverschlüssen zu belegen. Der betroffene Kollege biß dann auf Gummi. Ansonsten gab es in der Küche frisch gemachte Sülze. Frau Ungibauer war eine Spezialistin und wenn man gerochen hat, es wurde wieder welche gemacht wurde 06:00 Uhr bereits fürs Frühstück oder für Mittag bestellt, man musste schnell sein.

Moskwitsch 408 des Kollegen Kern, ob exakt dieses Fahrzeug? Farbe stimmt.

Johanngeorgenstadt Gaststätte „Farbmühle"

Im September 1979 hatte ich mich bereit erklärt, für einen Durchgang (10 Tage) an einer Baumaßnahme in Johanngeorgenstadt teilzunehmen. In Johanngeorgenstadt im Erzgebirge, OT Unterjugel hatte das BKK Bitterfeld eine Gaststätte gekauft und vorgesehen, diese zum Ferienheim aus- und umzubauen. Es waren hauptsächlich Kollegen der Bauabteilung dabei und eben einige „Hilfskräfte" aus anderen Betriebsteilen wie ich. Anreise war im Betriebsbus. Unterkunft hatten wir in einem renovierten Objekt, einem Arbeiterwohnheim der Wismut. Es wurden jeweils 12 Stunden gearbeitet. Angenehme Besonderheit war, dass Frühstück, Mittagessen und Vesper im Objekt stattfanden. Die ehemalige Besitzerin zauberte hervorragendes Essen auf den Tisch, Abendessen nahmen wir in der Regel im Kulturhaus Karl Marx zu uns. Ihr wurde zeitgleich ein Eigenheim errichtet, war so sicher Bestandteil des Kaufvertrages. Die Arbeit war schwer und schmutzig, hat aber sehr viel Spaß gemacht, wenngleich bei diesem ersten Durchgang noch nicht viele „Ergebnisse" zu sehen waren. Fester Bestandteil waren nahezu täglich Umladearbeiten von Baumaterial am Bahnhof auf LKW und die Entladung dann vor Ort. Drei Dinge sind noch in Erinnerung. Nur zwei Häuser vor dem Objekt, es lag in einem Tal an der Hauptstraße des Ortes kurz vor dem Ortsausgang, gab es einen kleinen Kaufladen. Da die Mitarbeiter der Bauabteilung doch recht trinkfest waren und sich insbesondere nach der Vesper in Richtung dieses Ladens bewegten, gab es nach einer knappen Woche dort keine alkoholischen Getränke mehr zu kaufen, alles „ausgetrunken". 1982 hatte ich dann die Möglichkeit eines Ferienaufenthaltes in der Farbmühle. Eine Woche mit dem Trabant meines Schwiegervaters, eine Woche nur Regen, es war Herbst. Einmal am Nachmittag, wir saßen gerade beim Kaffeetrinken, fuhr ein weißer Wartburg vors Gebäude. Ein junger Mann kam in den Gastraum, bestellte zwei Wodka, trank sie aus und fuhr wieder weg. Es war Manfred

Wolke, der Olympiasieger im Boxen und Boxtrainer. Dann beschloß ein Teil der Urlauber nach Karlovy Vary in die Tschechoslowakei zu fahren. Warum auch immer, vermutlich auf Wunsch meines Sohnes Sebastian, fuhr dieser im Auto eines anderen Ehepaares mit. Am Grenzübergang Oberwiesenthal wollte man ihn dann nicht durchlassen, er stand ja nicht in den Ausweisen derer, die ihn im Auto hatten. Wir fuhren zurück und konnten die Sache aufklären.

Freiheit III (3)

Im November 1979 war ich erneut auf der Freiheit III im Einsatz. Diesmal wiederum im Zweischichtbetrieb mit einem Belas 540 A mit der Aufgabe, Mutterboden, der separiert aus dem Tagebau Delitzsch-Südwest zugefahren und vom Absetzer 1055 verstürzt wurde, auf die Kippenfläche zu verteilen. Der exakte Einsatzort war westlich am Restloch nahe der Straße von der F 100 in Richtung Renneritz. Der Mutterboden diente als Deckschicht über die aufgeschütteten Abraummassen, um die Bodenqualität zu steigern. Der Boden sollte danach wieder einer landwirtschaftlichen Nutzung zugeführt werden. Beim Abkippvorgang, die Lademulde befand sich gerade in der höchsten Stellung, gab es ein schlagartiges Geräusch, dann war absolute Ruhe. Maschine war aus und „schwieg“. Es stellte sich heraus, die Einspritzpumpe war defekt. Sie wurde am nächsten Tag von Kollegen der Hilfsgerätewerkstatt Muldenstein gegen eine neue Einspritzpumpe getauscht und dann konnte die Arbeit weitergehen. Glücklicher Umstand war, dass die Lademulde des Belas oben war und somit einen problemlosen Zugang zum Motor ermöglichte.

Wirtschaftsweg, Experiment mit EO 3322A

Im späten Frühjahr 1980 hatte ich den Auftrag, den Mobilbagger EO 3322 A per Achse zur Hilfsgerätewerkstatt nach Muldenstein zu überführen. Dieser Bagger war im Straßenverkehr groß und wuchtig, insbesondere aber seine Lenkung war alles andere als zielgenau. Deshalb wurde immer wenn möglich, die Benutzung öffentlicher Straßen vermieden. Die Lenkung hatte keine Mittellage wie bei einem „normalen“ Fahrzeug. Man lenkte und wenn man die Zielrichtung hatte, musste man schon wieder gegenlenken und so weiter. Wer das nicht kannte oder sich nur schwer daran gewöhnen konnte, für den war das bei schnellen Fahrten regelrecht gefährlich. Ob hier ein Defekt vorlag oder dieses Verhalten konstruktionsbedingt war habe ich nie herausgefunden. Die befragten Instandhalter gaben immer an, das wäre normal. Ich nutzte also unter anderem den Wirtschaftsweg parallel zur Kohlefernbahn Delitzsch-Südwest nach Roitzsch und kam unwissend über technische Zusammenhänge (später habe ich das dann gelernt) auf die Frage: „Was passiert, wenn man den Motor ausmacht und mit dem Schwung der Maschine durch Betätigen des Fahrhebels versucht, ihn wieder zu starten“? Und da der Wirtschaftsweg ansonsten frei von Verkehr war, somit keine Zeugen und keine Gefährdung anderer möglich war, setzte ich das gleich mal um. Es funktionierte natürlich nicht. Schnell musste ich dann handeln, da mir genau das merkwürdige Verhalten der Lenkung zum Verhängnis wurde. Der Motor ging aus, das hatte ich ja durch den Seilzug selbst ausgelöst, damit war der hydraulische Antrieb auch für die Lenkung nicht mehr vorhanden und der Bagger lenkte in diesem Moment von der Straße hinunter in Richtung Straßengraben. Zwei Punkte retteten mich vor größerem

Ungemach, zum einen meine gigantische Reaktionsgeschwindigkeit und dann auch gleich die wahnsinnig wirksame Bremse des Baggers. Verhindern konnte ich dennoch nicht, dass ich in den Graben reingefahren war. Das war eine ziemlich schräge Angelegenheit. Wie schräg, sollte ich feststellen, als ich die Maschine wieder starten wollte. Zum Starten des Baggers musste man sich per ausgeklappter Leiter auf eine Plattform am Heck des Baggers, die wiederum auch zunächst ausgeklappt werden musste, oben hinter den Motor begeben. Der Start ging dann so, mit einem kleinen Elektroanlasser startete man einen Einzylinder-Zweitakt-Benzinmotor. Wenn der dann lief, konnte man über einen Kupplungshebel den Dieselmotor starten. Das ging in dieser Situation problemlos, der Motor war ja warm. Für Kaltstarts, insbesondere bei hohen Minusgraden, war es möglich, die Kompression des Dieselmotor zu reduzieren und langsam zu steigern. Ich hatte die Maschine schnell wieder im Gang, konnte meine Fahrt fortsetzen und hatte wieder etwas gelernt. Zeugen hatte ich keine und wenn ich mal in einer Quizzsendung eine solche Frage bekomme, die kann ich auf jeden Fall beantworten.

„Mein" EO 3322 A Foto Jörg Münzer

Tagesunterkunft TU 40

Die Tagesunterkunft TU 40, siehe auch Bild im Abschnitt ‚1987 Winterkampf', war im Bereich der Tagesanlagen das erste feste Gebäude, diente als Kaue, Küche, Tagesunterkunft und Büro. Sie wurde errichtet während meiner Grundwehrdienstzeit, war somit Ende 1978 einfach „da". Erinnern kann ich mich an Heinrich Kurt, den ersten Abraummeister, er war sehr starker Raucher, lehnte früh am nördlichen Ausgang des Gebäudes mit einem Arm an der Gebäudewand zum „Abhusten". Selbst wenn man nicht in unmittelbarer Nähe war, man hat es gehört.
Vom Norden kommend verlief auch die Zufahrtsstraße zu den Tagesanlagen unmittelbar neben dem Gebäude. Anfangs wurde die Zufahrt noch mit einer Schranke abgesichert, dann eine neue Betonstraße gebaut, die Straße neben der TU 40 war bald zum Parkplatz umfunktioniert. Später zog dann die Abteilung ETT ein, die Platzverhältnisse waren fürstlich mit eigenem Versammlungsraum. Aber andere erkannten auch diesen „Überfluss" und so wurde aus dem Versammlungsraum und einem weiteren Büro ein Refugium der Abteilung Tagebautechnologie.

Austausch ERs 560 282 gegen ERs 500 311

Der Bagger ERs 560 282 war von seiner Bauhöhe zu hoch, um unter Einhaltung der Sicherheitsabstände unter dem Förderbrückenverband im Grubenbetrieb (Kohle) eingesetzt zu werden. Er wurde auf dem Landweg in Richtung Merseburger Revier gefahren, etwa auf halbem Weg im Bereich der Reichsbahnstrecke Halle – Leipzig gegen den ERs 500 311 getauscht. Dieser wurde dann auf dem gleichen Weg nach Delitzsch zurückgefahren. Der Aufwand zum Fahren der Bagger war übersichtlich, beide Geräte bewegten sich auf Raupenfahrwerken. Die Technologie solcher Transporte war mir ja bereits durch mehrere solcher Transporte bekannt. Trotzdem war der Gesamtaufwand wie immer sehr groß, so waren hier die Autobahnen 9, 14, die o.g. Reichsbahnstrecke und der Fluß Weiße Elster zu queren. Meine „Hauptaufgabe" war es, früh die Küchenfrau mit mehreren Milchkannen mit Wasser zur Versorgung des Speisewagens auf die Baustelle zu bringen und alle weiteren anfallenden Transporte sowie Werkzeuge und Schmiermittel mit dem LKW W 50 079 zu übernehmen. Transportleiter war Günter Drescher. In der Betriebszeitung ‚Glück auf' stand dazu: „Am 23. Oktober 1979 musste das letzte größte Hindernis auf dem Weg des Baggers 311 vom Tagebau Merseburg-Ost nach dem Tagebau Delitzsch-Südwest überwunden werden, und zwar die Autobahn Berlin – Hirschberg zwischen den Auffahrten Brehna und Schkeuditzer Kreuz am Kilometer 110,7. Starker Nebel herrschte an diesem Morgen, doch davon ließ sich das Transportkollektiv unter Leitung des Kollegen Drescher nicht beeindrucken. Um 08:40 Uhr setzte sich der 500 Tonnen schwere Eimerkettenbagger in Bewegung. Mit sieben Meter pro Minute wurden die Fahrbahnen der Autobahn in nur 20 Minuten überquert. Das ist die bisher kürzeste Zeit, die für eine derartige Überquerung benötigt wurde. Die geplante Sperrzeit von 65 Minuten plus 2 Stunden Reserve für eventuell auftretende Havarien wurde wesentlich unterschritten. Der Bagger ERs 500 311 war es dann, der am 3 Dezember 1980 den ersten Kohlenzug aus dem Grubenaufschluss Delitzsch-Südwest beladen hat, ein Jahr vor der Inbetriebnahme der Grubenbandanlage und somit dem Regelbetrieb. Symbolträchtig wurde er zum Kraftwerk Karl Liebknecht nach Holzweißig gefahren.

1980

Baggertransport ERs 560 296

Anfang 1980 erfolgte ein weiterer Baggertransport vom Tagebau Holzweißig nach Delitzsch-Südwest. Grundsätzlich gab es inzwischen für derartige Transporte eine gewisse Routine. Für mich war es bereits der vierte Transport dieser Art an dem ich teilnahm, nicht dauerhaft, jedoch punktuell mit Versorgungsfahrten. Die Besonderheit hier war jedoch, dass dieses „Spektakel" von der DEFA gefilmt wurde. Die öffentliche Aufführung erfolgte später im Augenzeuge 1980/18, dem Vorprogramm in jedem Kino. Und ebenfalls öfter an der Transporttrasse anwesend war der Kollege Horst Pilz, von manch einem auch Lügenbaron genannt. Er hatte die Gabe recht tolle Geschichten zu erzählen. Jeder, der ihn kannte, wusste vom Wahrheitsgehalt seiner Ausführungen. Fremde jedoch horchten zunächst auf. Und genau damit traf er die Kollegen Kameramänner der DEFA. Ihnen erzählte er nämlich, er habe ein Pony, was zu Hause im Stall ein Sofa habe und auf dieses Sofa lege sich das Pony zum Schlafen. Die Kameramänner wollten das unbedingt sehen und filmen. Horst Pilz lehnte jedoch ab, wurde aber immer mehr in die Enge getrieben. Ich habe noch mitbekommen, wie die Kameramänner vereinbarten, es regelrecht planten, den Kollegen zum Feierabend bis zu seinem Wohnhaus zu folgen. Ob das geklappt hat, wie die Geschichte ausging, ich weiß es nicht. Auffallend war aber, dass Horst Pilz bis zum Ende des Transportes außergewöhnlich zurückhaltend war, die Nähe zu den Kameramännern mied.

Horst Pilz in seinem Krazz 255 B Foto Jörg Münzer

In der Betriebszeitung ‚Glück auf' stand zu diesem Thema: „Am 1. und 2. Februar haben wir Ruhetag, wenn nötig wird durchgefahren. Hauptsache wir stehen mit unserem Bagger pünktlich an der Reichsbahnstrecke. Denn den nächsten Termin für eine Überfahrt würden wir vielleicht erst im September bekommen… Der dies sagt war Baggerfahrer Erich Welk vom 296 und zwar am zweiten Tag des Transportes. Inzwischen wissen wir, dass der Bagger 296 ERs 500 sogar vorfristig diesen Standort erreichte.

Am Sonntag, dem 3. Februar war es soweit. Wir sind Augenzeuge, wie dieser Eimerkettenbagger aus dem Tagebau Holzweißig kommend auf dem Weg zum Tagebau Delitzsch-Südwest die Reichsbahnstrecke Berlin – Leipzig zwischen Bitterfeld und Delitzsch passiert. Für unsere Kumpel bedeutet so eine Gleisüberquerung nichts Außergewöhnliches mehr. Schon gar nicht wie zum Beispiel für den Transportleiter Günter Drescher. Für ihn ist es bereits der fünfte Gerätetransport. (18)"

Den Augenzeuge 1980/18 vom DEFA Studio für Dokumentarfilme habe ich mir 2022 von der Firma ICEATORM Media GmbH Berlin digitalisieren lassen. Von den 11 Minuten Gesamtlänge des Augenzeugen war der Bericht über den Baggertransport nur ca. 2 Minuten und 4 Sekunden lang. Beachtlich wenn man bedenkt, dass über mehrere Wochen Minimum zwei Kameramänner, ein Fahrer, ein Verantwortlicher (Regisseur?) mit großem Aufwand an Technik den Baggertransport begleitet haben. Jedoch war der Aufwand sicherlich nicht nur für den Beitrag im Augenzeugen, sondern einem Kinderfilm der DEFA mit dem Titel „Riesenreise". Dieser ist 15 Minuten lang, ich habe ihn von der Firma RBB Media GmbH digitalisieren lassen.

Auch für mich war es bereits der vierte Großgerätetransport an dem ich beteiligt war. 1976 der Transport der Bagger 549 und 282 nach Delitzsch-Südwest, Anfang 1977 der Transport des Baggers 1401 nach Delitzsch-Südwest und des Absetzers 1055 zur Freiheit III. 1979 der Austausch des Baggers 282 gegen den Bagger 311 und eben dieser Transport, des Baggers 296 nach Delitzsch-Südwest.

TS 1

Im Winter erfolgte zur Bewältigung von komplizierten Situationen insbesondere an vom Einfrieren bedrohten Bereichen der Einsatz von Strahltriebwerken zur Wärmung und zum Auftauen von Bandanlagen, Waggonen und Bunkern. Im Bereich von Kraftwerksbunkern waren sie wohl stationär eingesetzt. Selbst gesehen habe ich sie montiert auf Schienenfahrzeugen und wir hatten ein solches Triebwerk angebaut an einen K 700 im Einsatz. Den Treibstoff TS 1 (Kerosin) mussten wir im Tanklager des Flughafens Leipzig/Halle selbst abholen. Bei meiner ersten Fahrt dorthin erlebte ich nachfolgendes: Die Zufahrt zum Tanklager an der Südseite des Flughafens war problemlos, auf das Gelände durch ein Tor wurde ich zügig vorgelassen. Ich war mit einem 6.000 Liter Tankwagen dort, stellte mich an die vom dortigen Mitarbeiter zugewiesene Position und begab mich auf den Tankwagen. Im hinteren Schutzblech des Tankanhängers waren zwei Stufen eingearbeitet, oben ein Laufsteg. Im vorderen Bereich an der obersten Position befand sich die Befüllöffnung des Tankwagens, die Anschlüsse waren genormt und mit den Schlauchanschlüssen der Tankanlage des Flugplatzes kompatibel. Ich schloss also den Befüllschlauch an die Einfüllöffnung und öffnete die Abdeckung zur Füllstandsanzeige, einem Schwimmer, der an einem langen

Stab im Tank war und mit zunehmendem Füllstand nach oben herauskam. Nachdem ich mein o.k. gab, dass alles vorbereitet ist, dazu gehörte auch noch eine Erdung des Tankwagens die ich bereits vorher angebracht hatte, begab ich mich vom Tankwagen runter und wollte mich in Richtung des warmen Aufenthaltsraumes der Tankstelle bewegen. Wo ich denn hin wolle fragte mich der Tankwart und ich spürte an den Geräuschen der Blattfedern des Tankanhängers, hier ist etwas anders als sonst. Anders war, dass die Pumpen der Tankstelle 2.000 Liter pro Minute leisteten, die 6.000 Liter waren also in drei Minuten befüllt. Nun erkannte ich, zum warmen Aufenthaltsraum zu gehen, das lohnt nicht. Später wusste ich es. Ich war mehrere Male dort. Einmal, als ich mich für den Tankwagen der Interflug interessierte, es war eine VOLVO Zugmaschine mit 28.000 Liter Tank Auflieger, nahm mich der Fahrer mit zum Betanken eines Flugzeuges. Der Tankschlauch wurde unten an der Tragfläche angebracht, der Fahrer musste dazu auf eine mitgebrachte Leiter steigen. War sehr interessant und ging sehr schnell, für mich zu schnell. In meinen „Arbeitsklamotten" der Grube auf dem Flughafen in einem richtigen Auto untwegs zu sein, das war schon ein Erlebnis.

Bekiesung Haldenseite AFB 23 mit Belas

Die AFB mit der DDR Nummer 23, eine Einheitsförderbrücke mit 34 Meter Abraumabtragshöhe war 1960 gebaut worden und im Tagebau Sedlitz in der Lausitz im Einsatz. Für den Einsatz in Delitzsch-Südwest demontiert, überholt, verlängert und auf dem Montageplatz wieder zusammengebaut. Am Beginn der Typisierung der Förderbrücken standen Brücken des Typs F 34, es folgten dann später die Typen F 45 und F 60 mit der entsprechenden Abtragshöhe. Die AFB 23 war die dritte der Typenreihe 23, die erste kam 1958 im Tagebau Lohsa I, die zweite 1959 im Tagebau Spreetal zum Einsatz. Zeitweise mit dem Belas 540 A, teilweise auch mit dem ZT 303 war ich an den umfangreichen Arbeiten zu Bekiesung der Haldenseite der Abraumförderbrücke beteiligt. Durchgeführt wurden die Arbeiten im Frühsommer 1980, mit mehreren Belas wurde die Rampe mit einer mindestens einen Meter starken Kiesschicht versehen. Der Belas war eigentlich nicht für solches Terrain geeignet, ohne Allradantrieb und ohne Differenzialsperre hatte er doch teilweise erhebliche „Traktionsprobleme". Er war eben für Steinbrüche bzw. festen Untergrund gebaut. Das Fahrzeug wurde nahezu immer im Vollgasbetrieb im losen Kies gefahren, so gab es Kraftstoffverbräuche von mehreren hundert Litern pro einhundert Kilometer. Daher wurde teilweise diesem Arbeitsbereich auch gleich der ZT 303 mit einem Tankwagen zugeordnet, Kraftstoff wurde sehr viel verbraucht. Später wurden auf diese Rampe die Fahrgleise der Haldenstütze der AFB 23 aufgebaut, das Einfahren des Förderbrückenverbandes erfolgte Ende 1980 im Dezember. Interessant war die Arbeit am Ende der Maßnahme, in der Frühschicht konnte das Einfliegen der Segmente der Bandanlage für den Grubenbetrieb durch Hubschrauber der Interflug beobachtet werden.

AWU Döbernitz mit EO

In Döbernitz, neben der Straße von Delitzsch nach Döbernitz, wurden mehrere Gebäude als Arbeiterwohnunterkunft errichtet. Mit dem Bau der Gebäude hatten wir nichts zu tun, die wurden vom örtlichen Baubetrieb Rekobau errichtet. Später dann wurden von uns Aushubmassen innerhalb des Geländes aufgenommen und an einer anderen Stelle wieder abgekippt. Ich war wechselnd mit dem EO 3322 A und einem Belas dort im Einsatz, mit seiner Breite von 3,5 Meter zwar nicht unbedingt straßenverkehrstauglich, aber da schon etwas das Recht des Größeren (breiteren) galt, sind wir gleich per Achse dorthin gefahren. Einmal, in der II. Schicht, war ich mit dem EO 3322 A dort, ebenfalls bei den Arbeiten dabei ein T 174 mit Greifer vom ACZ Delitzsch. Wir hatten zwar einigen Abstand zueinander, einmal aber hatte ich meinen Ausleger komplett ausgefahren und knallte mit voller Drehgeschwindigkeit mit meinem Tieflöffel gegen das Heckgewicht des T 174. Ich bekam einen Riesenschreck, habe in solchen Fällen immer gleich vor Augen, was hätte passieren können. Der Fahrer des T 174 hatte jedoch wegen der enormen Lärmbelasung Gehörschutz auf, er hat den Vorfall gar nicht bemerkt

13.10.1980

Ganztägig Regen an diesem Tag und ich war mit dem W 50 079 so die interne Betriebsnummer eingesetzt, Kies zu transportieren. Erst beim Abstellen kurz vor Feierabend bemerkte ich einen schleichenden Druckabfall im Rad vorn links. Einen Platten. Da am Morgen meine Frau einen Termin in der Geburtsklinik in Schkeuditz hatte, wollte und musste ich aber leider die erforderliche Reparatur meinem Kollegen Frank Massinger überlassen und mich ums Private kümmern. In der Klinik angerufen gab man mir keine Auskunft, signalisierte mir aber ich könne hinkommen. Meinen Bruder leihweise um seinen Trabant gebeten klappte nicht wirklich, der wurde lange nicht bewegt, die Batterie war leer. Einen Kollegen nach seinem Auto befragt lehnte er ab, war aber bereit, mich nach Schkeuditz zu fahren. Gegen 18:30 Uhr kamen wir dort an, ich meldete mich bei den Krankenschwestern, die mich erstaunt ansahen mit der Bemerkung „Wir haben doch noch gar nicht angerufen", um mir dann unmittelbar meinen Sohn Sebastian zu zeigen, geboren 18:25 Uhr.

1981

W 50 PV3 Teddy

Der W 50 079 war mit Allrad und Niederquerschnittsreifen (Ballonreifen) ausgestattet und eignete sich daher besonders gut für eine Ausstattung mit „Winterdiensttechnik", einem schwenkbaren Vorbauschneepflug und einem Aufsatz für Streugut. Mit diesem Fahrzeug war ich während einer Nachtschicht im Winterdienst unterwegs im Bereich Freiheit III, da dieses Gebiet zu unserem Verantwortungsbereich bezüglich Winterdienst gehörte. Beifahrer war Winfried Brandt, „Teddy". Die meisten Kollegen kannten ihn nur unter dem Spitznamen, einen Winfried Brandt kannte kaum jemand. Natürlich wurde schwerpunktmäßig in Richtung Zufahrtsstraße zum Wohnhaus des Bruders von Teddy geschoben in einer Wohnsiedlung in Roitzsch. Dabei fror mir der Federspeicher und das PV3 Ventil ein, was zur Folge hatte, dass die Druckluft fehlte um gegen das System anzukämpfen, das Fahrzeug bei fehlender Druckluft abzubremsen. Somit wird die Hinterachse fest gebremst, eine Weiterfahrt im Grunde nicht möglich. Zum Glück hatten die Konstrukteure des Fahrzeuges solche Situationen bedacht. Der Federspeicher ließ sich von Hand lösen, man konnte mit Sinn und Verstand und eben sehr langsam ohne Bremse weiterfahren. Das taten wir dann auch, in tiefer Nacht, ohne Verkehr bis zur Werkstatt 1 in Roitzsch. Dort wurde uns natürlich geholfen, rein in die große Werkstatt, Brenner mit Flaschenwagen ran und ruck zuck war die Bremsanlage aufgetaut. Glück gehabt.

Berndstein (Bernstein)

Der Name Berndstein ist erst Ende der 80er Jahre entstanden, als meine Tochter Sabrina von mir einige Bernsteine geschenkt bekam und im Prozess des Sprechen lernens den Bernstein einfach an bereits bekannte Worte, meinen Namen, angeglichen hat. Vom Bernstein hatte ich aber bereits während meiner Lehrzeit 1974 – 1976 gehört, nämlich von Mitschülern, die im Ort Niemegk wohnten und nach Regen bzw. am Wochenende wieder in die Bernsteine zu gehen planten. Man verdiente sich so eine zusätzliche Mark, sammelte den Bernstein und schickte ihn zum VEB Ostseeschmuck Ribnitz Damgarten. Dieser Bernstein war Bestandteil der Schluffschichten unterhalb des Kohleflözes. Hauptfundort waren die so genannten Niemegker Senken, Verwerfungen des Kohleflözes, benannt nach dem später überbaggerten Ort Niemegk. Da diese Praktik bekannt wurde, vermutlich hat man sich an der Ostsee gewundert wieso plötzlich große Mengen Bernstein aus der Umgebung von Bitterfeld dem Schmuckunternehmen zugeschickt wurden, wurde die Gewinnung des Bernsteines zu einer wichtigen (Neben)-Aufgabe des BKK Bitterfeld. Es gab mehrere technologische Lösungen der Bernstein-gewinnung, eine war wohl ,dass man die Gesteinsmassen, in denen der Bernstein enthalten war, in einen riesigen Bottich mit Wasser gab. Besonderheit des Wassers war, dass es mit Salz auf einen Salzgehalt von ca. 10 % bis 12 % gebracht wurde, so dass der Bernstein an der Oberfläche schwimmend abgefischt werden konnte. Was aber hatte ich in Delitzsch-Südwest mit dem Bernstein in der 30 Kilometer entfernten Goitsche zu tun? Das ist einfach erklärt. Das Salz, was entsprechend der Technologie erforderlich war, wurde aus dem Salzbergwerk Bernburg geholt. Wenn es zu Kapazitätsengpässen der eigentlich dafür vorgesehenen Transportabteilung kam, mussten andere Betriebs-abteilungen in sozialistischer Hilfe einspringen. So traf es mich und per Zufall den zweiten Mann auf dem Auto, meinen Spanner Frank Massinger. Und es war eine erfreuliche Aufgabe, eine „Fernfahrt", waren wir doch sonst oft nur innerhalb des Tagebaues oder maximal zu einem der Betriebsteile, Werkstätten oder Magazine unterwegs. Es müsste im April oder Mai gewesen sein, wir hängten einen HW 80 an, einen 8 Tonnen Kippanhänger. Durch die Ortschaft Brehna fahrend musste ich in einer Kurve eine riesige Pfütze queren, auf dem Fußweg lief ein Junge mit Schulranzen. Frank Massinger verbreitete danach öfter die Variante, dass der Junge pudelnass geworden wäre, eigentlich hätte es so nicht sein können, so ganz sicher war ich mir auch nicht, als Fahrer konnte man nicht sehen, was sich rechts neben dem Fahrzeug abspielte. In Bernburg angekommen lief das Beladen reibungslos, von dort aus also los mit dem Ziel Tagebau Goitsche. Von der Fernverkehrsstraße 100 hinter Bitterfeld in Richtung Mühlbeck erfolgte die Abfahrt neben dem Dispatcher Sonnenschein, der Schaltzentrale der Hauptabteilung EuE.

Problemlos das Abkippen, das war's. Was hatten wir vergessen? In Bernburg hatten wir uns von den Kollegen versichern lassen, dass wir 13 Tonnen übliches Haushalt-/Speisesalz transportieren. Da war klar, da muss eine Tüte mit nach Hause genommen werden. Fiel uns erst wieder ein, als wir bereits wieder in Delitzsch angekommen sind.

Kleine Bernsteine, die sich nicht zu Schmuck verarbeiten lassen werden auch heute noch lose in kleinen Fläschchen als Souvenier verkauft, die abgebildeten Bernsteine in Göhren/Insel Rügen.

Bernstein 2022 in einer Schmuckverkaufsstelle auf der Insel Rügen. Foto Bernd Pache

Freiheit III (4)

Ein viertes, dann aber ein letztes Mal, führte mich die Arbeit zur Freiheit III. An sich kann ich hier auch schreiben, es hätte auch meine letzte Arbeit überhaupt werden können. Wasser ist im Bergbau immer schädlich, daher wird, wann immer möglich, Wasser aus dem Bergbau verbannt. Im Falle der Grube Freiheit III hatte sich seit der Zeit der Außerbetriebnahme des aktiven Bergbau Grundwasser angesammelt. Es musste für die vorgesehene Verkippung der Abraummassen aus dem Tagebau Delitzsch-Südwest weg, die Standsicherheit des Absetzers wäre wegen möglicher Rutschungen nicht mehr gewährleistet gewesen. Es gab eine spezielle Technologie nach der aus westlicher Richtung in das mit Wasser gefüllte Restloch ein Damm geschüttet wurde, um nach dessen Fertigstellung eine stationäre Wasserhaltung mit Pumpen und Rohrleitungen montieren und betreiben zu können. Der Damm allein konnte nicht standsicher errichtet werden, am Boden des Restloches hatte sich reichlich Schlamm angesammelt. So wurde zunächst durch den Bagger 1214, mehrere Transportfahrzeuge, meist zwei Krass und eine Planierraupe, ein Damm geschüttet. Nach Fertigstellung mehrerer Meter kam dann ein Bohrgerät der Abteilung EuE, bohrte zwei Löcher links und rechts der Mitte des neu fertiggestellten Bereiches bis zum Schlamm nach unten. Dort „versenkten" dann die Sprenger eine Sprengladung, überdeckten diese und zündeten diese dann. Da der Schlamm wegen der hohen Überdeckung nur zu den offenen Seiten weg konnte, tat er dies und der Damm rutschte einen guten Meter nach unten. Dieser Meter musste dann zunächst wieder aufgefüllt werden und dann konnte es an den nächsten Abschnitt gehen. Das ganze System hatte sich bald so eingespielt, dass wir während der Frühschicht den Damm herstellten, nachmittags die Löcher gebohrt und dann gesprengt wurde. Früh ging es dann im gewohnten Rhytmus weiter.

Eingespielt in diese Routine war ich dann dummerweise bemüht, dem Planierraupen-fahrer die Arbeit zu erleichtern und meine Ladung so weit wie möglich an die Seite des Dammes zu kippen. Bis ich mich wohl doch etwas verschätzt habe, Boden zu weich oder ich zu weit am Rand des Dammes, ich merkte wie sich der Krass nach rechts neigte. Mit einer Wahnsinnsreaktion blitzartig auf die Bremse. Zum Glück verdiente sie ihren Namen, das Fahrzeug neigte sich noch deutlich, blieb stehen und welch weiteres Glück, es hakte mit den linken Rädern im verdichteten Bereich des Dammes fest. Welche Farbe ich da hatte, unklar, in jedem Fall hatte ich schon fest vor Augen, dass es gleich sehr feucht werden würde. Und noch ein Glück, die Bremse lies sich arretieren, die eigentliche Handbremse hätte in diesem Fall nur symbolischen Charakter gehabt. Nun galt es aber erst mal rauszukommen, die schwere Holztür ging nach oben auf, vom Tritt musste ich runterspringen.

Nun ging alles Weitere nahezu automatisch. Schnell erkannt hatten wir, dass an der Mulde des Krass seitlich an den Verrippungen in Längsrichtung Löcher waren. Dort schnell ein Rohr durchgesteckt, einen langen Schlupf mit einem Ende an diese Seite, das andere Ende an die Planierraupe, somit war der Krass gesichert, konnte nicht „weg". Mit dem zweiten Fahrzeug zum Bagger gefahren, den Baggerfahrer informiert, den Bagger an die Unfallstelle zurück gefahren, ebenfalls mit einem langen Seil vorn festgemacht und zunächst straffgezogen.

Nun wurde ich wieder gefordert, musste wieder rein ins Auto. War ein schwieriger Einstieg, sehr hoch, zudem die Tür wieder zu öffnen, hier konnte mir keiner helfen. Und dann erst mal nachdenken, Schalthebel sortieren, da war der Hebel für die Gangschaltung, einer für die Vorderachse, ein weiterer für die letzte Achse. Den Motor hatte ich laufen gelassen, dann versucht alle Achsen zuzuschalten und den ersten Gang rein zu machen. Nun galt es, ein Zeichen nach draußen, die beiden anderen Maschinen zogen an, der Bagger gerade nach vorn, die Planierraupe leicht seitlich und ich lies die Kupplung kommen, natürlich gleich mit Vollgas – und es bewegte sich, in die richtige Richtung nach vorn und der LKW kam wieder in die Waagerechte. Begleitet wurde das ganze von einem gigantischen Knall. Im Lärm der drei lauten Motoren hatte das niemand bemerkt außer mir. Es kam direkt von unten unterm Fahrerhaus. Gesehen hatte ich am Fahrzeug keinen Schaden, wir waren noch beim Aufräumen der Seile und Hilfsmittel, der UB 1214 auf dem Weg zu Ladestelle, da kam der Meister mit dem Motorrad. Ich weiß heute nicht mehr genau, hatte er was bemerkt, hatte er uns darauf angesprochen was los war, ich denke schon.

Einige Wochen später, der Krass war in der Werkstatt, kam der Schlosser Dieter Naumann völlig konsterniert und erzählte, eine Quertraverse des Krass sei in der Mitte glatt durchgebrochen. Keiner konnte sich so etwas erklären...

AFB Steine (1)

Mindestens über das gesamte Jahr 1981 hinweg und darüber hinaus gab es im Bereich des Hochschnitt des Baggers 1297 am Förderbrückenverband einen teilweise erheblichen Anfall großer Steine, sogenannter nordischer Geschiebe, kurz Findlinge. Die wurden mit dem Steinfang im Übergabeschacht von der Eimerkette des Baggers zum Querförderband abgefangen und mit einem Plattenband, einer extrem stabilen Einrichtung, im Grunde ein stabiles Förderband aus Stahlplatten auf das Planum des Geräteverbundes rausgefördert. Bedingung dafür war es, dass der Baggerfahrer den Stein an der Eimerkette gesehen oder durch ein lautes Poltern erkannt hat und eine pneumatisch betätigte Fangeinrichtung rechtzeitig in den Massenstrom einfahren konnte. Bevorzugt in der II. Schicht wurde dann der Bereich, wo der AFB-Verband nicht aktiv war, von diesen Steinen beräumt. Beladen mit dem UB 1214 auf einen oder mehreren Krass wurde die Steine an das Schwenkende gefahren und von der Berme in den Bereich wo die Kohle bereits gefördert war, abgekippt. Meist kullerten sie bis ins Liegende. Das war im Grunde eine nicht sehr spannende Tätigkeit wenn man davon absieht, dass das Fahren im Gelände schon einiges an Konzentration erfordert und beim Abkippen natürlich immer die Kunst in der Aufgabe darin bestand, die Steine nicht zu knapp an der Abrisskante abzukippen, so dass sie auf dem Planum liegenblieben, was nicht schlimm gewesen wäre aber die sportliche Herausforderung war es eben, sie zu „versenken“. Alternativ sollte man schon vermeiden, zu weit Richtung Abgrund zu fahren, man hätte sich sonst selbst samt LKW „versenkt“. Meist ergab sich aber von selbst eine sichere Variante. War man von der Kante zu weit weg, blieben Steine oben liegen und man konnte bei der nächsten Fuhre mit der Hinterachse eben nur bis zu diesem Stein fahren, musste dann abkippen und stand „sicher“.

2 x 6.000 Liter Dieselkraftstoff

Es hatte sich eingebürgert, dass ich den Teil der Versorgung des Tagebaues mit Dieselkraftstoff, der den Transport von den Tanklagern des BKK Bitterfeld zu den Tanklagern im Tagebau Delitzsch-Südwest betraf, sehr häufig, eine Zeit lang nahezu immer, übernahm. In den meisten Fällen wurde der Kraftstoff vom Tanklager des Tagebau Goitsche geholt, einige Male vom Tanklager Bitterfeld Hallesche Straße, aus dem dortigen Magazin. Beide Tanklager hatten Gleisanschluß und eine entsprechende Kapazität um den Kraftstoff aus dem Kesselwagen angeliefert aufnehmen zu können. Ich selbst fuhr ja sehr gern mit Anhängern, am liebsten mit zwei. Sofern es also möglich war, bin ich auch mit zwei Tankanhängern gefahren, die beiden vorhandenen mit einer Kapazität von jeweils 6.000 Litern mussten dazu aber auch leer verfügbar sein. Immerhin war es effektiv. Die etwas unangenehme Problematik mit den 125 PS des W 50 und einem Gesamtgewicht des Lastzuges von 30 Tonnen (der W 50 wurde mit „Ballast“, in der Regel mit Kies beladen) nicht wirklich auf Tempo zu kommen, nahm ich gern in Kauf. Es war nur auf langen Streckenabschnitten ohne Verkehrshindernis möglich, mit vollen Tankanhängern überhaupt in den 5. Gang schalten zu können, deutlich schneller als 55 – 60 km/h wurde man aber nicht, da fehlte dem Zugfahrzeug einfach die Leistung.

Irgendwann las der Meister Winfried Fischer aus den gesetzlichen Bestimmungen heraus, dass bei solchen Transporten mit gefährlicher Ladung (ich fuhr ja immer mit eingeschalteter gelber Rundumleuchte) ein zweiter Fahrer auf dem Fahrzeug sein muss. Das wurde dann auch immer korrekt ausgeführt, zu zweit machte es mehr Spaß. Einmal war ich mit dem Kollegen Roland Schneider unterwegs zur Tankstelle Tagebau Goitsche. Dort galt es die Vorschrift zu beachten, dass beim Tankvorgang Zugmaschine und Anhänger getrennt werden müssen. Ob das nur eine Idee des Tankwartes war, ich weiß es nicht, wurde aber so durchgezogen. Also den zweiten Anhänger abkoppeln und den Lastzug auseinanderziehen. Nach Ende des Tankvorganges einfach ohne das Lenkrad zu betätigen wieder zurück. Dass ich ohne großartig zu zirkulieren das Zugauge des Anhängers beim ersten Versuch getroffen hatte hat meinen Kollegen stark beeindruckt. Das ich eigentlich „nichts“ gemacht hatte, einfach nur ohne zu lenken vorwärts und dann wieder ohne zu lenken rückwärts gefahren bin habe ich verschwiegen, meinen Kollegen im Glauben gelassen, dass das eine tolle Leistung war.

Teil III: Nach 1982

1982

01.03.1982

Während meines Abendstudiums war ich in der Studiengruppe zum überwiegenden Teil mit Kollegen zusammen, die bereits eine Position mit hoher Verantwortung ausübten, Meister, Abteilungsleiter oder Hauptdispatcher. Neben Michael Hanisch als Baggerfahrer eines Tagebaugroßgerätes im Tagebau Goitzsche war ich so ziemlich der einzige mit einer „normalen“, gewerblichen Tätigkeit, zumindest in der Studiengruppe, die die Spezialisierungsrichtung Tagebautechnologie gewählt hatte. Ich hatte zwar einen Studienförderungsvertrag mit meiner Abteilung, „es tat“ sich aber absehbar nichts, was in mir die Hoffnung auf eine Tätigkeit in verantwortlicher Position gab. Von Wolfgang Vorpahl, dem Leiter der Werkbahn im Tagebau Goitzsche wurde ich auf den Geschmack gebracht mit dem Hinweis, dass der Leiter der Werkbahn Delitzsch-Südwest Herr Scholz, Mitarbeiter im ingenieurtechnischen Bereich sucht. Ich begab mich in der letzten Februarwoche 1982 vor Beginn meiner zweiten Schicht zum Herrn Scholz ins Büro und trug mein Anliegen vor, nämlich zu prüfen, ob er für mich als Ingenieur Verwendung hätte. Da hatte ich noch keine Kenntnis über die inoffiziellen Informationswege in den Leitungsebenen, jedenfalls wusste mein Abteilungsleiter Günter Kirsten nach weniger als einer Stunde von meinem Besuch beim Werkbahnleiter. Und nach weniger als zwei Stunden kam er auf seinem Nachhauseweg mit seinem Motorrad an unserer aktuellen Erdbaustelle vorbei und tat zunächst etwas pikiert. Er eröffnete mir aber ziemlich bald, dass ich ab dem 01.03.1982 als Operativtechnologe eingesetzt werden würde und voraussichtlich bereits in der ersten Woche zur Einarbeitung zum Standort der Hauptverwaltung der Abteilung ETT nach Muldenstein geschickt werde. So kam es dann auch. Es ging alles ziemlich schnell, ich wurde zunächst weiter als Hilfsgerätefahrer geführt, bekam einen Brigadierzuschlag als finanziellen Anreiz und ein reichliches Jahr später, Mitte 1983, einen neuen Arbeitsvertag als Operativtechnologe.

Ankehr im Bergbau 01.09.1974

Ankehr im Werk 01.09.1974

NVA 03.05.77–27.10.78

Arbeitsvertrag

Dieser Arbeitsvertrag wird in Verwirklichung des Rechts auf Arbeit zwischen

VEB Braunkohlenkombinat Bitterfeld
(Bezeichnung des Betriebes)

und Herrn Bernd P a c h e geb. am 23.02.1958
(Name des Werktätigen)

abgeschlossen.

Die Rechte und Pflichten des Werktätigen und des Betriebes ergeben sich aus dem Arbeitsgesetzbuch der Deutschen Demokratischen Republik vom 16. Juni 1977 (GBl. I Nr. 18 Seite 185), den anderen arbeitsrechtlichen Bestimmungen sowie den nachfolgenden Vereinbarungen.

1.

Herr Pache beginnt am 06.11.1978
(Name des Werktätigen)

die Tätigkeit als Mehrzweckgerätefahrer

mit nachstehender Arbeitsaufgabe

lt. Eingruppierungsnormativ Nr. II/2.26
2-schichtig
Bereich Erdbau und Transporttechnik

(Wesentlicher Inhalt der Arbeitsaufgabe einschließlich des Verantwortungsbereiches des Werktätigen entsprechend der Festlegungen des Betriebes gemäß § 73 Abs. 2 AGB).

Als Arbeitsort wird BKK/Delitzsch SW (381) vereinbart.
(§ 40 Abs. 2 Arbeitsgesetzbuch)

2.

Zusätzliche Vereinbarungen (z. B. Teilbeschäftigung, Dauer des befristeten Arbeitsvertrages, besondere Kündigungsfristen, Regelungen für Heimarbeiter, Werkwohnung):

Gemäß § 55 AGB wird eine Kündigungsfrist von 14 Tagen vereinbart. Als Kündigungstermin wird das Monatsende vereinbart.

3.

3.1. Der Werktätige erhält für die vereinbarte Arbeitsaufgabe entsprechend:

Rahmenkollektivvertrag der Kohleindustrie
(Bezeichnung des zutreffenden Rahmenkollektivvertrages)

Lohn nach der Lohngruppe/~~Gehaltsgruppe~~ 6

100 08 VV Freiberg Ag 307 III/11/10 77 1657 A 26665

3.2. Der Werktätige erhält einen Grundurlaub von 12 Tagen,

einen arbeitsbedingten Zusatzurlaub von 6 Tagen,

sonstigen Zusatzurlaub von bei Vorliegen der Voraussetzungen Tagen,

gemäß entsprechend den Rechtsvorschriften
(Angabe der zutreffenden arbeitsrechtlichen Vorschriften)

Der jährliche Erholungsurlaub beträgt Tage.

4.

4.1. Der Betrieb ist verpflichtet, solche Arbeitsbedingungen zu schaffen, die den Werktätigen hohe Arbeitsleistungen ermöglichen, die bewußte Einstellung zur Arbeit fördern, die Arbeitsfreude erhöhen und zur Entwicklung sozialistischer Persönlichkeiten sowie zur sozialistischen Lebensweise beitragen. Er hat dazu den Arbeitsprozeß unter aktiver Teilnahme der Werktätigen nach arbeitswissenschaftlichen Erkenntnissen zu gestalten und alle Voraussetzungen für eine hohe Arbeitsdisziplin, für Ordnung und Sicherheit im Arbeitsprozeß zu schaffen.

4.2. Der Werktätige hat seine Arbeitspflichten mit Umsicht und Initiative wahrzunehmen. Er ist insbesondere verpflichtet, seine Arbeitsaufgaben ordnungs- und fristgemäß zu erfüllen, die Arbeitszeit und die Produktionsmittel voll zu nutzen, die Arbeitsnormen und andere Kennzahlen der Arbeitsleistung zu erfüllen, Geld und Material sparsam zu verwenden, Qualitätsarbeit zu leisten, das sozialistische Eigentum vor Beschädigung und Verlust zu schützen und die Bestimmungen über den Gesundheits- und Arbeitsschutz und den Brandschutz sowie über Ordnung, Disziplin und Sicherheit einzuhalten.

(Für Bereiche, in denen wegen der Art ihrer Aufgaben und der Bedeutung für den sozialistischen Staat besondere Anforderungen an den Werktätigen gestellt werden und Rechtsvorschriften über besondere Rechte und Pflichten und Verantwortlichkeiten dieser Werktätigen erlassen wurden, sind diese anzugeben.)

5.

Alle Änderungen in den persönlichen Verhältnissen, die eine Berichtigung von Personalunterlagen erforderlich machen oder aus sonstigen Gründen für das Arbeitsrechtsverhältnis Bedeutung haben (Wohnungswechsel, Eheschließung, Zu- und Aberkennung der Schwerbeschädigung usw.) sind dem Betrieb unverzüglich mitzuteilen.

6.

Die in diesem Arbeitsvertrag getroffenen Vereinbarungen können nur durch schriftlichen Vertrag gemäß § 49 Arbeitsgesetzbuch geändert werden.

Soweit arbeitsrechtliche Bestimmungen andere Regelungen treffen, sind entgegenstehende Vereinbarungen oder Festlegungen dieses Arbeitsvertrages unwirksam. An ihre Stelle treten die Rechte und Pflichten entsprechend den zutreffenden arbeitsrechtlichen Bestimmungen (§§ 44, 45 Arbeitsgesetzbuch).

Dieser Arbeitsvertrag kann nur nach den geltenden gesetzlichen Bestimmungen (§§ 51 ff. Arbeitsgesetzbuch) aufgelöst werden.

7.

Mit der Unterzeichnung des Arbeitsvertrages werden durch den Betrieb folgende Unterlagen ausgehändigt:

Arbeitsordnung

Bitterfeld, den 06.11.1978

(Unterschrift des Betriebsleiters) (Unterschrift des Werktätigen)

Diebler
Leiter Abteilung Kader

Änderungsvertrag

Der zwischen VE BKK Bitterfeld - Stammbetrieb -
(Betrieb)

und Pache, Bernd
(Werktätiger)

bestehende Arbeitsvertrag vom 6. 11. 1978

wird mit Wirkung vom 01.03.1983 wie folgt geändert:

Lohnnr.: 050101

1. 1. Änderung der Arbeitsaufgabe:

Pache, Bernd übernimmt folgende Arbeitsaufgabe:
(Werktätiger)

Operativtechnologe ETT/DSW

QM.: 112.03

1. 2. Änderung des Arbeitsortes:

Als neuer Arbeitsort gilt Abt. ETT/DSW

1. 3. Änderung bzw. Aufnahme weiterer Vereinbarungen:
(z. B. besondere Kündigungsfristen, Übergang von der Teilbeschäftigung zur Vollbeschäftigung usw.)

2. Der Änderungsvertrag gilt unbefristet / befristet bis zum

319/40 VV Freiberg Ag 307/79 III/18/37 A 0382 ZPD-Nr. 410-005

3. 1. Der Werktätige erhält für die vereinbarte Arbeitsaufgabe entsprechend:

lt. RKV - Kohle -

(Bezeichnung des zutreffenden Rahmenkollektivvertrages)

Lohn nach der Lohngruppe / Gehaltsgruppe HF 3 1050,00

3. 2. Der Werktätige erhält einen Grundurlaub von 18 Tagen,

einen arbeitsbedingten Zusatzurlaub von 3 Tagen,

sonstigen Zusatzurlaub von 2 Tagen,

gemäß
(Angabe der zutreffenden arbeitsrechtlichen Vorschriften)

Der jährliche Erholungsurlaub beträgt 23 Tage.

Die übrigen Bedingungen des Arbeitsrechtsverhältnisses bleiben unberührt.

Delitzsch 03.06.1983
(Ort) (Datum)

(Unterschrift Betrieb) (Unterschrift Werktätige/r)

Debes
Leiter Abteilung Kader

Verteiler: Anmerkung:

1. Ausf. Werktätige/r Rö
2. ~~Ausf. Kaderabt.~~/Personalbüro

30. Juni 1983

Elektrifizierung der „Ostkurve" Delitzsch als gemeinsames Projekt BKK Bitterfeld und Deutsche Reichsbahn

Die ursprünglich zweigleisig angelegte Reichsbahnstrecke zwischen Halle/Saale und Eilenburg war lange Zeit nur eingleisig in Betrieb, da in Folge von Reparationszahlungen an die Sowjetunion nach dem Zweiten Weltkrieg ein Gleis komplett demontiert wurde. Nach dem erneuten Aufbau des zweiten Gleises und noch vor der Elektrifizierung dieser Strecke durch die Deutsche Reichsbahn wurde die Teilstrecke vom Übergabebahnhof Delitzsch-Südwest Stellwerk 102 bis zur Einbindung der sogenannten Ostkurve in die Bahnstrecke Berlin – Leipzig als gemeinsames Projekt der Deutschen Reichsbahn Reichsbahndirektion Halle und dem BKK Bitterfeld im Zeitraum von Anfang Juli bis Mitte Oktober 1982 elektrifiziert.

Die hauptsächlich durch das BKK Bitterfeld durchzuführenden Leistungen wurden erbracht durch die Hauptabteilungen Erdbau und Transporttechnik Abteilung Delitzsch-Südwest und Hauptabteilung Erkundung und Entwässerung.

Schwerpunktmäßig durch unsere Abteilung realisiert wurden dabei:

1. Beräumungsarbeiten in den Bereichen der zu errichtenden Tragwerksmastfundamente.
2. Herstellen aller Mastfundamentlöcher.
3. Abtransport der Aushubmassen.
4. Materialtransporte im Bereich der Baustelle.
5. Personentransporte im Bereich der Baustelle.

Für diesen Aufgabenkomplex wurde ich verantwortlich gemacht, gleich eine heftige Herausforderung jedoch sehr interessant und lehrreich für mich.

Alle mit dem Schachten der Fundamentlöcher und dem Abtransport der Aushubmassen verbundenen Aufgaben stellten ganz besondere technologische Herausforderungen dar. Zum Beginn der Arbeiten war keine geeignete Schachttechnik vorhanden. Für den Bagger T 174 gab es nur ein Greifergrundgerüst mit Leichtgutschaufeln und die „kürzere" Variante einer Schachtverlängerung in Form der Abschleppstange des Baggers. Für den Bagger UB 631 war nur ein normaler Tieflöffel vorhanden.

In einer Aktion „sozialistischer Hilfe" wurde durch die Kollegen Stieler und Srednicki vom „Agrartechnikbetrieb" Taucha Technik vom „Feinsten" beschafft, ein Schachtgreifer für den UB 631, ein Schachtgreifer für den T 174 mit Drehkopf sowie eine Verlängerung 2,50 Meter und eine Verlängerung 1,50 Meter, beide mit entsprechender Hydraulikverrohrung.

Für das Schachten der Mastfundamentlöcher war eine im üblichen Umfang ungewohnte hohe Exaktheit der Arbeiten erforderlich. Die Mastfundamentlöcher mussten eine zentimetergenaue Maßhaltigkeit bis zur Sohle erreichen. Die tiefsten Mastfundamentlöcher im Bereich des Endmastes am Stellwerk 102 waren 8 Meter, im Bereich der 11 Gleise überspannenden Tragwerke des oberen Güterbahnhofes in der Zuckerfabrik teilweise 11 Meter tief. Diese Tiefe konnte nur durch das Abtragen des Oberbodens im Bereich des Standortes des Schachtgerätes und dem Einsatz beider Schachtverlängerungen am T 174 realisiert werden.

Eine weitere Besonderheit war, dass durch die extreme Schachttiefe der Schachtgreifer nur noch auf der Rasensohle entleert werden konnte und die Aushubmassen von einem anderen Gerät auf LKW verladen werden mussten.

Für nahezu alle Mastfundamente wurden die Aushubmassen auf die LKW Krass und Tatra verladen und im Tagebau Delitzsch-Südwest im Bereich der Kippe verkippt.

Zwischen dem Bahnübergang der F 184 an der Tankstelle Nohr und dem Bahnübergang Poetenweg, der eigentlichen Ostkurve war das Schachten der Mastfundamentlöcher nur von der Schiene aus möglich.

Es wurde ein Verladen eines Baggers auf einen Plattenwagen der Deutschen Reichsbahn in Erwägung gezogen. Da aber die Höhe des Plattenwagens die maximal mögliche Schachttiefe wiederum verringert hätte, wurde diese Variante verworfen.

Die Lösung war dann ein Zweiwegebagger der Deutschen Reichsbahn auf Basis eines Mercedes Unimog, der dann im Bereich des Bahnüberganges F 184 ins Gleis eingefahren wurde und zumindest den größten Teil der Schachtarbeiten ausführte.

An dieser Stelle, dem Bahnübergang an der Fernverkehrsstraße 184, wurde der Zweiwegebagger „Unimog" der Deutschen Reichsbahn eingefahren. Aufgenommen 2006.

Einen sehr wesentlichen Anteil zum Gelingen dieser gesamten Maßnahme trugen die Kollegen der Hauptabteilung Erkundung und Entwässerung bei, indem sie nicht nur alle Mastfundamentlöcher geometrisch akkurat nacharbeiteten, sondern insbesondere im zuletzt genannten Bereich die Schachtlöcher fertig stellten und häufig auch dort die Fundamentlöcher zu 100 % mit Hacke, Spaten, Schippe und Bieneisen herstellten.

Mit der Fertigstellung des letzten Mastfundamentloches an der Schutzweiche zur Strecke Berlin – Leipzig, also fast im Zentrum von Delitzsch, war für unsere Abteilung die „Hauptarbeit" erledigt.

Der Übergang über die Verbindung der beiden in Delitzsch kreuzenden Bahnstrecken am Poetenweg in Richtung Westen, im Hintergrund der Delitzscher Wasserturm. Aufgenommen 2006.

Bei der Koordinierung der Arbeiten kam es darauf an, die Fertigstellung des Mastfundamentloches möglichst exakt im Zeitplan der Behängung mit den Ankern und Fußschrauben der Tragwerksmaste zu realisieren. Dieser technologische Ablauf musste unter Beachtung der Abbindzeit des Betons von 28 Tagen genau eingehalten werden. Oberbauleiter seitens des BKK Bitterfeld war Wolfgang Raabe, Leiter Anschlussbahn Delitzsch-Südwest.

Die feierliche Übergabe der fertig elektrifizierten Ostkurve erfolgte im Beisein des Reichsbahnpräsidenten in einer Sonderfahrt mit dem historischen Sonderzug der Deutschen Reichsbahn. Leider konnte ich aus gesundheitlichen Gründen an dieser Veranstaltung nicht teilnehmen. So ergab es sich, dass mich mein Kollege Klaus Srednicki vertreten hat.

Mit der Fertigstellung der Elektrifizierung im Unteren Bahnhof Delitzsch und des Übergabebahnhofes Klitzschmar konnte planmäßig ab 2. Januar 1983 Kohle des Tagebaues Delitzsch-Südwest zu den Kraftwerken gefahren werden. (8)

Das fertige Ergebnis unserer Arbeit, die elektrifizierte Strecke vom Bahnübergang Delitzsch-West aus. Aufgenommen 2006. Im Hintergrund die Zuckerfabrik Delitzsch.

Im nachfolgenden Bild das Tragwerk, welches den Bereich des „Oberen Güterbahnhof" überspannt. Hier nicht so deutlich erkennbar, es sind insgesamt 11 Gleise die elektrifiziert wurden. Im Grunde kann man sagen, hat sich hier die Reichsbahn ihren Bahnhof mitelektrifizieren lassen. Für die Nutzung zum Kohletransport hätten zwei Gleise ausgereicht. Aber es wird schon eine Vereinbarung zum gegenseitigen Vorteil gewesen sein.

1983

AFB Steine (2)

Ein weiteres Mal mit den Steinen am ABF-Verband hatte ich während einer Bereitschaft Tagebauleitungsdienst zu tun. Exakt waren mir die Kriterien dafür, warum man bei Bereitschaftsdienst Tagebauleiter vor Ort holte, nie bekannt gewesen. Ich gehe aber davon aus, es gab sie und die Anwendung war eine Frage der Auslegung. Im vorliegenden Fall war im Steinfang ein so großer Stein gefangen, dass er sich verklemmt hatte und sich auch mit dem massiven Förderband nicht aus dem Fallschacht herausbewegen ließ. Was meine Anwesenheit betraf kann es durchaus sein, dass der Tagebaudispatcher seinem zuständigen Hauptdispatcher den Stillstand des wichtigsten Gerätes im Tagebau gemeldet hatte und er bei dem zu erwartenden längeren Stillstand ein Leitungsmitglied vor Ort haben wollte. Ich wurde also aus dem Schlaf geklingelt und mit dem Schicht-LKW zum Tagebau abgeholt. Ein zweiter LKW hatte bereits den Sprenger in Bereitschaft abgeholt und mit ihm gemeinsam die erforderlichen Hilfsmittel Bohrgerät und Sprengstoff im Sprengstofflager abgeholt. Nahezu zeitgleich kamen wir am Förderbrückenverband an, mussten über Treppen und Laufstege mit Lichtgitter-rosten zur Position im Inneren des Baggers laufen. Der Stein den wir vorfanden war so gewaltig, dass der Sprenger kaum Platz hatte von oben ein Loch mit dem Lufthammer in den Stein zu bohren. Er musste leicht schräg ansetzen, das klappte dann zügig und schnell konnte der Sprengstoff mit Zündschnur ins Bohrloch gestopft werden, richtige Stangen wie im Film. Das Bohrloch wurde verschlossen, dann hieß es für alle in Deckung gehen. Für mich war klar, nach der Sprengung haben wir kein Licht mehr, direkt an der obersten Stelle über dem Stein war eine Quecksilberdampflampe angebracht. Nachdem es geknallt und der Dampf sich verzogen hatte, begaben wir uns wieder zum Stein und konnten sehen, er hatte viele fette Risse, war in mehrer Stücke zerbrochen. Aber wir konnten es sehen, die Lampe funktionierte, mir war das völlig unklar. Über den Funk wurde dem Baggerfahrer die Weisung gegeben das Band einzuschalten und als ob nichts war förderte das Panzerband die Steinstücken nach draußen. Der Förderbrückenverband konnte wieder anfahren. Ich meldete mich beim Dispatcher über Funk ab und ließ mich wieder nach Hause fahren, noch eine Stunde schlafen, dann ging es wieder auf Arbeit. Im Morgenrapport war diese Angelegenheit eine kurze Bemerkung vom Brückenbetriebsleiter: „Anderthalb Stunden Stillstand wegen Stein".

Durchs Trümmerfeld gefahren

Der Leiter der betrieblichen Feuerwehr Herr Barowiak genoss eine hohe Reputation. Ich selbst seit 1978 Mitglied bei der Freiwilligen Feuerwehr Delitzsch aktiv und in der Abteilung zuständig für die Vorbereitung und Durchführung von Brandschutzübungen bin also an ihn herangetreten, um eine gemeinsame (mit Feuerwehr) Brandschutzübung zu organisieren. Thema und Ort waren schnell ausgemacht, es sollte ein Feuer der Dieseltankstelle simuliert werden. Ohne großartige Bekanntgabe, dass eine solche Übung durchgeführt werden soll, haben wir dann im Bereich der Tankstelle einen Nebeltopf platziert und abgewartet und die Dinge beobachtet wie sie sich entwickeln. In der Tat wurde die Rauchentwicklung schnell entdeckt und zügig die Notrufnummer gewählt und ein entsprechender Notruf abgesetzt. Da einige Kollegen zum Frühstück im Frühstücksraum des Bereiches Transporttechnik saßen reagierten sie schnell und fuhren noch einige Fahrzeuge aus dem vermeintlichen Gefahrenbereich raus. Die Feuerwehr war auch schnell zur Stelle, die Feuerwache befand sich in unmittelbarer Nachbarschaft. Somit konnte das Feuer schnell gelöscht werden. Ich war insgesamt sehr zufrieden, alles hat prima geklappt, meine Kollegen haben schnell und richtig reagiert, auch weil einige von ihnen selbst Mitglieder von Freiwilligen Feuerwehren in ihrem Wohnort waren. Dann ging es zur gemeinsamen Auswertung mit Herrn Barowiak. Dort gab es doch einige Kritik, vieles hat er aus seiner „Profisicht" gesehen und gewertet. Erinnern kann ich mich an den wichtigen Hinweis, dass bei der Rettung der Fahrzeuge einige durchs „Trümmerfeld" gefahren waren. Ja, da habe ich auch wieder gelernt und die Ergebnisse dieser Übung zum Thema der Arbeitsschutzbelehrung im Folgemonat in den Meisterbereichen gemacht.

1984

Errichtung Bandkippe AS 1092

Besonders nach dem Beginn der Aufschlussbaggerung im Tagebau Breitenfeld ab Oktober 1982 war es erforderlich, die Kapazität der Absetzerkippen im Tagebau Delitzsch-Südwest zu erhöhen. Dies erfolgte durch den zeitweiligen Einsatz des aus dem Tagebau Goitsche umgesetzten Absetzer 982 AS 1800 (1983/1984), vor allem aber durch die Errichtung der Bandkippe 1092 Ende des Jahres 1984. Hierzu musste der Bandabsetzer 1092 Ars-B 2500 aus dem Profener Raum nach Delitzsch-Südwest transportiert werden. Mit der Kippe 1092 wurde die bereits über Rasensohle geschüttete Absetzerkippe 1055 nochmals in Tief- und Hochschüttung mit Abraum überzogen, so dass im Nordabschnitt des Tagebaues eine bis zu 18 Meter hohe Abraumhalde das Gelände überragt. Dem Bandabsetzer 1092 wurde der Abraum mit Zügen über einen Kippgraben und von dort aus über eine 1,2 m Bandanlage zugeführt (kombinierte Zug-Bandförderung). (17)

Über den Transport des Bandabsetzer 1092, der gemeinsam mit einem weiteren Tagebaugroßgerät, welches den noch weiteren Weg zum Tagebau Goitzsche nahm lesen wir in den NBI Nr. 5/85: „Über eine Strecke von insgesamt 93 Kilometern. Das ist der längste Weg, den solche Großgeräte in der DDR je zurücklegten. Er führt über Schienenstränge, über Energie- und Wasserleitungen. Mehrere Fernverkehrsstraßen wurden bereits überwunden, vor Weihnachten die Autobahn, ein kleines Flüsschen und nun die Weiße Elster." (20)

Meine Aufgabe im Zusammenhang dieser Maßnahme war die Koordinierung aller Erdbaumaßnahmen und Transporte sofern es sich um innerbetriebliche Transporte handelte. Die Erdbaumaßnahmen waren sehr umfangreich. So musste neben einer Schräge auf der Kippe von der Rasensohle aus auch das gesamte Planum in Gesamtlänge der vorgesehenen Bandanlage hergestellt werden, dies auf dem zerklüfteten Kippengelände wie es vom Absetzer 1055 hinterlassen wurde. Es gab einige stressige Situationen in der Zusammenarbeit mit den Verantwortlichen der anderen beteiligten Betriebsabteilungen. Im Grunde ging es nahezu immer um nicht ausreichend zur Verfügung stehende Kapazitäten im Bereich Erdbau (Planierraupen) und Transporte. Die gesamte Technik war zur Aufrechterhaltung des Tagebaubetriebes notwendig, die Maßnahme der Errichtung der Bandkippe As 1092 war „extra". Das gab zum Mittagsrapport beim Tagebauleiter ständig lange Gesichter und Unmut. Die Leiter der Gewinnungsabteilungen hatten oft Frust wie kleine Jungen, wenn ihnen eine dringend erforderliche Planierraupe für die II. Schicht nicht zugestanden wurde. Verstehen konnte ich sie gut, ändern konnte ich nichts, auch wenn auch ich hin und wieder mein „Fett" abbekam.

Als Hauptverantwortlicher für den Aufbau der Bandanlage und des Kippgrabens für den Grabenschöpfer 1293 war Lothar Stummer eingesetzt, vormals Hauptabteilungsleiter Instandhaltung. Heute würde man sagen ein Machertyp, Choleriker trifft es aber auch. Interessant war folgendes: Ich war mit ihm zu Fuß von der Baustelle Richtung unseres Verwaltungsgebäudes, meines Büros unterwegs, er hatte pausenlos was zu meckern. Im Büro angekommen platzierte ich ihn neben unserem Aquarium mit Fischen. Ich war mir bis dahin nicht so sicher was dran war am „Ein Aquarium beruhigt". In diesem Fall hat es funktioniert, nun wusste ich, der Spruch stimmt.

NSW Niederlande

Die Betriebe der DDR übernahmen wesentliche soziale, kulturelle, sportliche und andere Leistungen gegenüber Mitarbeitern wie auch gegenüber der Kommunen. (16) So war die Bereitstellung von Urlaubsreisen in allen mittleren oder großen Betrieben Standard. Vornehmlich Urlaubsreisen des FDGB, soweit vorhanden und in Kombinaten immer vorhanden auch Reisen in die eigenen Ferieneinrichtungen. Aber auch über andere Organisationen war es möglich, Ferienziele anzusteuern, über die DSF, die FDJ und sicher auch über weitere Institutionen. Mir fällt der Bauernverband ein, der auf dem Ringberg bei Suhl ein großes Ferienhotel betrieb. So gab es über das Reisebüro der FDJ „Jugendtourist" insbesondere Reisen ins „befreundete Ausland", schlicht Reisen ins sozialistische Wirtschaftssystem. Aber auch ins nichtsozialistische Wirtschaftssystem kurz NSW genannt. Leider war das recht wenig bekannt, es wurde auch nicht offensiv damit geworben. So war ich doch etwas erstaunt, als ich 1983 vom FDJ-Sekretär des Tagebaues aufgefordert wurde, mich doch mal für eine solche Reise formlos zu bewerben. Man bewarb sich auf eine Reise „ins NSW", das tatsächliche Ziel war zum Zeitpunkt der Bewerbung aber noch unbekannt. Und man tat geheimnisvoll. Im November 1983 wurde ich eingeladen in die FDJ-Bezirksleitung Leipzig in die Ritterstraße. Dort eröffnete man uns das Ziel, Jugoslawien zu den Olympischen Winterspielen 1984 nach Sarajevo. Es gab noch eine Reihe von Belehrungen, wie wir uns bis zur Reise verhalten sollten, u.a. war angezeigt niemandem, auch den Eltern, nichts von dem Vorhaben zu erzählen und wie der weitere Ablauf wäre. Bereits im Dezember wurden wir wieder nach Leipzig eingeladen, dort eröffnete man uns, dass die Reise nicht stattfindet. Begründung war, dass es wohl mit mehreren Reisegruppen aus der DDR in der BRD Probleme gegeben habe, von Schikanen gegenüber den Reisenden war tatsächlich auch im Westfernsehen die Rede. Es wurde noch kurz abgefragt und notiert, wer weiter Interesse an einer solchen Reise habe und somit war die Geschichte für mich erledigt.

Im Spätsommer 1984 gab es dann die Information, dass ein neuer Versuch gestartet werden soll. So richtig begeistert war ich nicht, aber mein Kollege und späterer Hausmitbewohner Wolfgang Zschernitz überzeugte mich doch, erneut einen Versuch zu starten. Gleiche Herangehensweise, wieder nach Leipzig zur FDJ-Bezirksleitung und hier eröffnete man uns, die Reise soll nach Holland gehen, genauer ins Königreich der Niederlande. Das war Hammer. Jugoslawien galt bezüglich der Reiseregelungen in der DDR als NSW, war aber eben auch ein sozialistisches Land, „nichts Besonderes" also, man tanzte aber politisch nicht so streng nach Moskaus Pfeife und hatte daher einen gewissen Sonderstatus, daher war reisen dahin etwas schwieriger. Nun also Holland, mit dem Flugzeug für eine Woche. Wieder sollte außer der Ehefrau niemand informiert werden. Bis zur Abreise passierte nichts außer dem zweiten Termin in Leipzig, wo diesmal keine Absage kam aber der genaue Ablauf der Reise. Zum Ablauf gehörte bereits einen Tag vor Abreise in Berlin anzureisen, um im Zentralrat der FDJ erneut noch einmal „Rotlicht" zu bekommen, was aber nach meinem Empfinden sehr harmlos war. Für die Leute, die uns dort einweisen sollten, war es sicher Routine, wir bekamen also noch mal nahegelegt, dass wir uns vernünftig verhalten sollten und das war's. Es ging dann zum Jugendtouristenhotel „Egon Schultz" am Tierpark in Berlin. Dort wurde das tolle Zimmer kaum genutzt, der Abend wurde lang und am kommenden Morgen hieß es zeitig aus den Federn. Extrem frühe Abreise, ich glaube der Abflug war 8 Uhr und man musste mindestens 2,5 Stunden vorher am Flughafen sein. Es war ein kühler und sehr nebliger Morgen, reichlich verkatert nahm man das vermutlich besonders intensiv wahr. Zum ersten Mal fliegen, für mich hochspannend, aber es war fast noch interessanter, wie sich andere Fluggäste so benahmen. Mit dem Bus wurden wir nach der Abfertigung zum Flugzeug gefahren, erst dort erkannte man den Flugzeugtyp. Es war eine IL 18. Das erkannten ebenfalls erst vor Ort zwei Reisegäste in langen grünen Lodenmänteln. Die Nationalität der Herren war nicht klar. Ihr Ziel jedoch war Madrid mit Zwischenaufenthalt in Amsterdam. Als beide die Maschine sahen, weigerten sie sich zuzusteigen. Das ging so weit, dass ein Besatzungsmitglied (Kapitän?) wieder nach unten ging und mit ihnen diskutierte. Erst als der Kapitän die Nase voll hatte und anwies, die Gangway abzuziehen, wollten die Beiden dann doch mitfliegen. Etwa noch eine Viertelstunde nach dem Start gestikulierten und diskutierten sie lautstark auf Spanisch im Flieger, dann war Ruhe.

Das Überflugverbot über die BDR, als eine Folge des Viermächteabkommen über Berlin, verlängerte die Flugstrecke nach Amsterdam erheblich. Zunächst ging es Richtung Norden über die Ostsee, einmal um Dänemark und dann zurück Richtung Süden nach Amsterdam. Aber über Amsterdam zur Landung ansetzend erkannten wir, das ist ja schon ein anderes Grün des Rasens. Und genau so überwältigend und voller Überraschungen war die gesamte Reise. Mit dem für den gesamten Zeitraum ständig zur Verfügung stehenden Reisebus zunächst in die Unterkunft, eine Jugendherberge etwas außerhalb von Amsterdam, ein kurzes Mittagessen und umgehend zurück ins Zentrum von Amsterdam. Und hier die Eindrücke, das Bunte, die Vielfalt, die vielen Menschen, das Angebot in den Läden, die Gerüche. Es war faszinierend. Eine komplette Woche mit Reisebus im Land unterwegs, ein 11 Gänge Menü an einer Kochschule der Hilton Hotelgruppe, ein Treffen mit Jugendlichen in Roermond, einer Stadt an der Grenze zur BRD mit einer Pizza so groß, dass sie nur schräg durch die Eingangstür getragen werden konnte, Besuch des Botschafters der DDR in den Niederlanden, einem Mann aus Schenkenberg, heute Stadtteil meiner Heimatstadt und viele andere Höhepunkte, das Rijksmuseum Amsterdam, eine Hafenrundfahrt in Rotterdam, Den Haag dem Parlaments- und Regierungssitz der Niederlande usw. Wie Freizeit und Erholung insgesamt in der DDR wurde auch diese Reise massiv subventioniert, wenngleich hier der politische Zweck deutlich im Vordergrund stand. Bezahlt habe ich 90 Mark der DDR, bekommen habe ich eine Woche Vollpension, ein überbordendes Kulturprogramm, zwei Flüge, bleibende Eindrücke. Dazu 130 Gulden Taschengeld, das entsprach damals einem Wert von ca. 110 DM.

Feiern

Traditionellerweise sollen Feste, aber auch Feiern gemeinschaftsstiftend und gemeinschaftserhaltend wirken. Und genau das taten sie. Und wir feierten oft. Zum einen war es gängige Praxis, im Rahmen des Leitungskollektiv, einen „Tag des Meisters“ durchzuführen. Einen Tag, der nur Tag hieß und eine Veranstaltung am Abend war mit kulturellem, sportlichen oder Bildungshintergrund. Er wurde anfänglich vom Abteilungsleiter initiiert und geplant. Später bekam ich oft diese Aufgabe übertragen einen würdigen Rahmen zu suchen und für Kultur und Verpflegung zu sorgen. Gaststätten und Restaurants gab es in ausreichender Auswahl aber auch Vereinsheime von Kleingartensparten wurden genutzt. Von Anfang an war es Praxis, die guten Beziehungen zur Landwirtschaft zu nutzen um von dort Spanferkel zu beziehen. Diese wurden dann im Backofen des Bäckers in Selben gebacken und waren äußerst geschmackvoll und beliebt. Auch andere Betriebe und Organisationen, wie die Oper Leipzig, nutzten diese Möglichkeit. Es gab dort regelrechte Kapazitätsprobleme, der Backofen konnte ja nur am Tag zum Abend hin genutzt werden, das Spanferkel sollte ja auch warm dargereicht werden. Und wenn an einem Freitag in der Vorweihnachtszeit der Bäcker bereits einen Auftrag angenommen hatte, war kein zweiter möglich. Es gab auch bei dem Bäcker in Selben familiäre Probleme, wir mussten nach Alternativen suchen. Eine hatte ich beim Bäcker in Queis bei Halle gefunden. Nachdem ich mit dem Bäcker Termin, Bezahlung, Abholung und Rückführung des Leergutes (Aluminiumschalen in denen das Fleisch gebacken wurde) geklärt hatte fuhr ich mit dem Kraftfahrer Arthur Jetzke mit seinem Aro 240 zur Abholung und Anlieferung an unseren „Tagungsort“, der Gaststätte zur Sonne nach Benndorf. Wie immer hat das Fleisch vorzüglich geschmeckt, mit reichlich Bier der nachfolgende Durst gelöscht. Als das Fleisch abgekühlt war und wir mit unseren Tellern noch eine zweite Schicht einlegen wollten, stellten wir fest, dass die Soße rot wurde. Das hat uns schwer verunsichert, wir haben aber weiter gegessen und da wir das Fleisch nicht alle bekommen hatten haben wir beschlossen, am kommenden Samstag, nach einem geplanten Subbotnik, den Rest noch zu verspeisen, gleich noch eine Nachfeier. Die rote Soße war aufgewärmt wieder heller geworden, vergiftet hatte sich offenbar niemand. Am darauffolgenden Dienstag, als ich das Leergut zum Bäcker schaffte klärte sich das auf mit der roten Soße. Der Bäcker erklärte mir, dass er das immer so mache, nämlich Rotwein ans Schwein! Nun, auf die Dienste des Bäckers haben wir weitere Male zurückgegriffen. In sozialistischer Hilfe hatten wir mit Ladetechnik und Transportfahrzeugen in der IRIMA, in der industriellen Rindermastanlage wurden pro Jahr zwischen 20.000 – 30.000 Rinder und Mastbullen gezüchtet, Erdbauleistungen erbracht. Und diese große Anzahl an Tieren produzierte eine „gewisse Menge“ Gülle. Man hatte auf dem Gelände der IRIMA eine große Biogasanlage, aber die reichte vermutlich nicht aus, die gesamte anfallende Menge aufzunehmen. So gab es westlich der Ortslage Storkwitz eine Anlage wo die Gülle mit Rohrleitungen hin verbracht und dann auf die Felder aufgetragen wurde. Im Bereich der Feuerversuchsanstalt Laue gab es ein Absetzbecken, etwa 100 mal 100 Meter groß. Dort gab man der Gülle Gelegenheit über viele Jahre hinweg auszutrocknen. Das Leeren dieses Beckens haben wir dann mit schwerer Technik realisiert. Als Dankeschön für die unkomplizierte Hilfe bot uns der Direktor der IRIMA Jungbullen an mit dem Hinweis, die lassen sich gut backen. Das Angebot nahmen wir gern an, im Rahmen einer Feier für die gesamte Abteilung mit Frau und Partner in der Gaststätte Zschortau wurden mehrere Jungbullen verspeist, mit großem Zuspruch aller Gäste. Im Übrigen hatten wir als Abteilung ETT einen vielleicht nicht ganz unbegründeten Spitznamen nämlich „Essen, Trinken, Tanzen“. Da war was dran.

1985

Funktionsplan

Langsam mahlen die Mühlen könnte man sagen, zumindest könnte das zutreffen bezüglich meines Funktionsplanes, der zum 01.01.1985 ausgestellt und mir bereits im Mai des gleichen Jahres zur Unterschrift vorgelegt wurde. Wobei es durchaus sein kann, dass man mit der Ausfertigung des Funktionsplanes bis zur tatsächlichen Ablegung der Qualifikation zum Ingenieur (April 1984) oder gar der Formulierung „Besitzt 3-jährige Berufserfahrung“ gewartet hat. Heute würde man wohl Stellenbeschreibung zum Funktionsplan sagen. Auf jeden Fall stehen eine Vielzahl von Pflichten drin, auf die ich im Einzelnen soweit ich mich noch daran erinnere eingehen möchte.

Auf Seite 1 die allgemeinen Darlegungen wie Bezeichnung der Funktion, Unterstellung, Vertretung, Abgrenzung des Verantwortungsbereiches, Befugnisse und erforderliche Qualifikation.

Auf Seite 2 die tatsächlichen Betätigungsfelder. Gleich zu Beginn der Passus Verantwortlich für die Zuarbeit zu den Monats- und Wochentechnologien zum Einsatz der vorhandenen Technik. Das war durchaus über den gesamten Zeitraum meiner Tätigkeit ein Knackpunkt. Aufgabe war es, in der Wochenabsprache beim Technologen des Tagebaues bzw. dem Tagebauleiter die Maschinen der Abteilung den Betriebs-abteilungen zuzuordnen. Meine Einschätzung ist es, dass über den gesamten Zeitraum im Grunde ausreichend Hilfsgerätetechnik zur Verfügung stand. Aber der Teufel liegt ja so oft im Detail. Und die Details, weshalb Hilfsgeräte immer zum knappen Gut gehörten, sind vielfältig. Meiner Meinung nach liegt bereits ein Hauptproblem darin, dass durchaus sehr fachmännisch und unter Einbeziehung der langjährigen Erfahrungen beim Betreiben ähnlich oder nahezu gleich angelegter Tagebaue der Hilfsgerätebedarf geplant wurde. Jedoch hatte man lange Zeit keinerlei Zugriff auf bestens geeignete Technik am internationalen Markt. Zwar waren zum Beispiel Planierraupen in der Leistungsklasse über 250 PS mit der DET 250 im sozialistischen Wirtschaftsraum vorhanden und beschaffbar und stellten diese Maschinen beim Erscheinen Ende der 1950er Jahre eine technologische Spitzenstellung dar, jedoch blieb im Grunde die Entwicklung stehen. Im Vergleich der seit 1981 eingeführten KOMATSU D 155 A blieben nur noch zwei unwesentliche, vielleicht sogar nur „gefühlte" Vorteile für den Fahrer, der Federungskomfort der Raupe selbst und seine Höchstgeschwindigkeit. Gerade der letzte Punkt war ein sehr ausschlaggebender bei den Anforderungen dieser Maschine als Rückraupe. Rückprozesse der Gleise aber insbesondere der Grubenbandanlage konnten erheblich schneller realisiert werden. Insgesamt war ein gigantischer Unterschied zwischen der Wirtschaftlichkeitsbetrachtung zwischen diesen vergleichbaren Maschinen DET 250 und KOMATSU D 155 A. Es konnte vorkommen, dass ein Motor der DET nach weniger als 1.000 Betriebsstunden, manchmal bereits nach 800 Stunden so verschlissen war, dass er gewechselt werden musste. Ein oft genutzter Spruch des Brigadiers der Planierraupen Jürgen Kaufmann war: „Die Motoren sind für Panzer entwickelt worden, die sollen 50, maximal 100 Kilometer fahren, dann werden sie abgeschossen". So war es. Untrügliche Anzeichen dafür waren ein hoher, ständig steigender Ölverbrauch des Dieselmotors (DET Fahrer mussten jeden Morgen Öl schleppen und auffüllen), damit einhergehend erhebliche Abgasbelastung, auch schlecht für die Fahrer je nach Windrichtung, aber im Grunde immer schädlich, da die Abgasanlage seitlich an beiden Seiten der Maschine geführt wurde und natürlich sinkende Leistung. Ja und die ersten KOMATSU Motoren mussten nach ca. 25.000 Betriebsstunden erstmals teilrepariert werden aber im Grunde auch nur, weil wir sie in den strengen Wintern wie 1987 über Nacht haben durchlaufen lassen, was vom Hersteller so nicht vorgesehen war. Die Maschinen liefen immer auf die voreingestellte Drehzahl, hatten ein Reduktionspedal zur Drehzahlreduzierung bei Umschaltvorgängen (Vorwärts/Rückwärts). Aber der Wettbewerb mit unterschiedlichen Systemen der Technik blieb aus, die optimalste Technik stand daher nahezu nie zur Verfügung. Das kann man wie mit einer roten Linie durch alle Bereiche durchziehen, es betraf die gesamte Technik, Planierraupen, Radlader, Mobilbagger, Kettenbagger, hier insbesondere fehlende hydraulische Kettenbagger der höheren Leistungsklassen und letztlich auch Autos aller Art. Im rein technischen Bereich war die schwere russische Erdbau- und Transporttechnik schon nahe dran am Ideal, leider aber eben nicht bezüglich eines wirtschaftlichen Betriebes. Und wider einer vernünftigen Wirtschaftlichkeit stand die hohe Stillstandquote wegen Reparatur. Die lange Zeitdauer der Stillstände hatte sehr oft mit fehlenden Teilen zu tun, hatte aber auch viele andere Gründe, Hauptproblem aus meiner Sicht waren aber Ersatzteile. So kümmerte sich mein Kollege Martin Winkler um Blechteile für den LKW TATRA 148, er war unter schwierigen Bedingungen bei einer Bergeaktion stark beschädigt worden. Zur Beschaffung der Teile musste mein Kollege zunächst über das Fernschreibernetz des Kombinates in Bitterfeld Kontakt zu einer Instandhaltungsstelle der NVA in Rostock aufnehmen und sogar nach Rostock fahren, über 800 Kilometer, um Ersatzteile zu beschaffen.

Und die Maschinen im Reparaturmodus standen dann eben nicht zur Realisierung der Aufgaben im Betrieb zur Verfügung. Aber es gab weitere Gründe für eine oft nicht ausreichende Verfügbarkeit von Fahrzeugen und Geräten.

Generalreparaturen, insbesondere die meist über 14 Tage dauernde des Förderbrückenverbandes banden nahezu die komplette Transporttechnik sowohl im Gütertransport als auch im Personentransport, dazu alle vorhandene Kran- und Hebezeugtechnik und natürlich auch Leitungspersonal, da eine Absicherung über 24 Stunden (2 x 12 Stunden) abzusichern war mit Maschinen die oft (Krantechnik) nur für den einschichtigen Betrieb vorgesehen waren. Weiterhin Investaufträge, die zwar mit zunehmender Betriebsdauer des Tagebaues abnahmen aber kapazitätsmäßig eben nicht eingeplant waren. Ein Riesenaufwand war das Thema Rekultivierung. Massiv unter Druck gesetzt (siehe Kapitel PMD Rekultivierung) von der Landwirtschaft waren gigantische Planierleistungen erforderlich, zum überwiegenden Teil auf Basis von Überstunden an Wochenenden abgewickelt, gab es Monate, in denen (ich war auch für die Kraftstoffplanung und Abrechnung im Tagebau zuständig) mehr Dieselkraftstoff für die Rekultivierung verbrannt wurde als für den Tagebaubetrieb. Und die Liste lässt sich fortsetzen, da war die Umrüstung von Technik für den Winterbetrieb, Vorbau-schneepflug, Streuer, Laugewagen, die zur Verfügungstellung im Rahmen sozialistischer Hilfe, Landwirtschaft, IRIMA, Bau einer nationalen Steinkohlereserve bei Stendal 1981, Technik für Baumaßnahmen im Rahmen sozialer Maßnahmen in Betriebsferienheimen, Kinderferienlagern usw., usw. Viele kleine Maßnahmen die die so dringend benötigte Technik blockierten.

Somit war es oft ein Kampf der Abteilungsleiter, wer hatte die besseren Argumente, wer die dringlicheren Aufgaben oder wer den besseren Stand beim Tagebauleiter. Wenn es dann um Aufgaben außerhalb deren Verantwortungsbereich ging (Rekultivierung) entschied dann der Tagebauleiter und wieder war das Jammern groß und oftmals war die Planung nach einem Wochenende mit weiteren Technikausfällen wieder Makulatur.

Der Punkt 2 der fachlichen Aufgaben kam zwar selten zum Ansatz, war aber ein tatsächlich sehr ernst zu nehmender Punkt. So hat es sich oft eingeschlichen, dass die Technik von den Betriebsabteilungen nicht arbeitsschutzkonform eingesetzt wurde, oft mit dem Hinweis das haben wir doch schon immer so gemacht. Das ist zwar richtig, ging aber schon mal schief. Der Bereich Fahrzeuge und Hilfsgeräte war bezüglich Unfall-statistik schwerer oder gar tödlicher Unfälle im Bereich der Braunkohlenindustrie immer ganz vorn mit dabei. Daher musste ein Schichtleiter einer Betriebsabteilung schon mal überzeugt werden, dass das ihm zur Verfügung gestellte Hilfsgerät eben kein Hebezeug ist oder er zum Beispiel für Schachtarbeiten auf der Rasensohle einen Schachtschein benötigt. Im Wesentlichen gab es diesbezüglich schon eine positive Entwicklung, aber eben auch eine gewisse Dunkelziffer.

Ein Punkt war immer die zeitliche Auslastung der Geräte, für jede Maschine musste eine monatliche Abrechnung erbracht werden. Das wurde zwar akribisch gemacht, es wurde aber gelogen ohne Ende. Diese Formulierung ist nicht mal böse gemeint, oft gab es keinen oder keinen funktionierenden Betriebsstundenzähler. Selbst ich war von der Sinnhaftigkeit nicht immer überzeugt, im Zusammenhang mit der monatlichen Kraftstoffabrechnung, die ich auch machte, ergab sich aber schon ein „Leistungsbild" der Maschinen. Eine KOMATSU D 155 A im Zweischichtbetrieb, die nicht knapp unter oder gar deutlich über 10.000 Liter Dieselkraftstoff im Monat verbrauchte, war entweder zeitweise nicht im Einsatz oder nicht so „fleißig". Allerdings hat sich bei mir im Laufe der Zeit eine wachsende Begeisterung für die zeitliche Auslastung ergeben, für ein Hilfsmittel wie den RS 09 nahezu sinnlos, für teure Grundmittel enorm wichtig. Vorbild waren ja die Tagebaugroßgeräte.

Als ein sehr wichtiger und mich prozentual viel beschäftigender Punkt meines Funktionspales war neben Vertretung Abteilungsleiter, Betriebsingenieur oder auch eines Meisters der letzte Punkt der fachlichen Aufgaben, die Verantwortlichkeit für die Durchführung aller Maßnahmen im Rahmen der ABAO 122/1 und der Arbeitsordnung des VE Braunkohlenkombinate Bitterfeld Stammbetrieb Punkt 6 Gesundheits-, Arbeits- und Brandschutz sowie technische Sicherheit. (17) Im Grunde alle sicherheitstechnischen Belange in der Abteilung. So hatte ich die monatlichen Vorgaben der Arbeitschutzbelehrungen in den Meisterbereichen durchzusetzen, dazu gehörte auch die Arbeitsschutzbelehrung des Leitungskollektives und immer auch die Vorgabe zur Auswertung schwerer und tödlicher Unfälle und Havarien im Bereich der Kohle- und Energiewirtschaft. So ist mir die Auswertung eines Unfalles im Bereich einer Kippe eines anderen Kombinatsbetriebes in Erinnerung, wo die Kollegen genau die gleichen Arbeiten durchgeführt haben wie ich mit meinen Kollegen bei der Elektrifizierung der Ostkurve. Die Kollegen wurden verschüttet und konnten nur noch tot geborgen werden. Turnusmäßig Antihavarietrainings und Brandschutzübungen vorbereiten und durchführen gehörte ebenso zum Programm wie die Untersuchung von Vorfällen, Havarien und Unfällen in der Abteilung.

Funktionsplan

Schreibmaschine hier aufsetzen! Einzeilig schalten!

Betrieb / Dienststelle / Institution	VE BKK Bitterfeld – Stammbetrieb – Tgb. DSW
Struktur-Nr.	32
Kurzzeichen:	
1. Bezeichnung der Funktion:	Operativtechnologe ETT
2. Unterstellung: 2.1. Dieser Funktion übergeordneter Leiter 2.2. Dieser Funktion sind unterstellt	Abteilungsleiter ETT
3. Zusätzliche fachliche Anleitung und Kontrolle: 3.1. von Organen des eigenen Betriebes 3.2. von außerbetriebl. Stellen 3.3. Diese Funktion gibt Anleitung und kontrolliert zusätzlich	Außer den in Pkt. 2 genannten Stellen! Jahrestechnologie, Tagebausicherheit Leiter der Meisterbereiche bei Durchsetzung und Einhaltung der vorgegebenen Technologien
4. Vertretung: 4.1. Vertreter für diese Funktion 4.2. Diese Funktion ist Vertreter von	lt. Festlegung des übergeordneten Leiters Abschnittsleiter Abt. ETT
5. Abgrenzung des Verantwortungsbereiches: 5.1. Strukturell 5.2. Territorial 5.3. Sachlich	3.13.7.02 Tagebau Delitzsch-Südwest, Abt. ETT verantwortlich für technologische u. tagebausicherheits-~~mäßige Belange~~
6. Befugnisse: 6.1. Unterschriftsbefugnis 6.2. Zahlungsanweisungsbefugnis 6.3. Unterzeichnung innerbetrieblicher Belege 6.4. Sonstige Befugnisse	lt. betrieblicher Festlegung keine lt. betrieblicher Festlegung – verhandlungsberechtigt im Auftrag des übergeordneten Leiters, außerhalb d. Betriebes nur mit Dienstreiseauftrag
7. Erforderliche Qualifikation: 7.1. Ausbildung 7.2. Zusätzliche Spezialausbildung (Fahrerlaubnis, Sprachkenntnisse u. a.)	Abschluß als: F. S. Ingenieur — Fachrichtung: Bergbautechnologie Besitzt 3jährige Produktionserfahrung

Funktionsplan erhalten (Datum, Unterschrift)	Aufgestellt von:	Verbindlich ab:
6.5.85 Pache	Abt.-Leiter ETT	01. 01. 1985 Unterschrift [Unterschrift]
	Verteiler: Fkt.-Inhaber zust. Leiter ORZ	Kontrollvermerke:

Der Funktionsplan ist eine grundsätzliche verbindliche Anweisung zur Regelung der innerbetrieblichen Arbeitsorganisation. Er ist nicht an eine bestimmte Person gebunden.
Beim Abschluß des Arbeitsvertrages ist der Funktionsplan zugrunde zu legen. Damit ist er Grundlage für die Rechenschaftslegung vor dem übergeordneten Leiter und die Beurteilung der Leistung des Werktätigen.
Beim Ausscheiden aus der Funktion ist der Funktionsplan an den Nachfolger oder den übergeordneten Leiter zu übergeben.

01 060 VV Freiberg Ag 307/82 III/18/37 A 7543

8. Charakteristik der Arbeitsaufgaben bzw. der Arbeitsanforderungen an Qualifikation und Verantwortung:

8.1 Fachliche Aufgaben

8.1.1 Verantwortlich für die Zuarbeit zu den Monats- und Wochentechnologien in Abstimmung mit dem Operativtechnologen des Tagebaues zu Fragen des Einsatzes der in der Abteilung vorhandenen Technik.

8.1.2 Erarbeitet für die einzusetzenden Hilfsgeräte entsprechend den Einsatzbedingungen spezifische Technologien unter Beachtung der Gewährleistung der Tagebausicherheit

8.1.3 Gibt für die Hilfsgeräte wie Planierraupen, Universalbagger, Rücktechnik u. a. Leistungsvorgaben auf der Grundlage vorhandener Normativen bzw. von ermittelten Erfahrungswerten

8.1.4 Gibt Anleitung und Unterstützung bei der Durchführung von Investitionen u. Betriebsmaßnahmen und kontrolliert die projektgemäße Ausführung

8.1.5 Laufende Einholung und Verarbeitung von Informationen des Verantwortungsbereiches und des neuesten Standes der Technik seines Fachbereiches

8.1.6 Kontrolliert die Einhaltung der vorgegebenen Technologien sowie die Einhaltung der sich aus dem Qualitätssicherungssystem ergebenden Aufgaben, leitet bei Abweichungen sofort Maßnahmen ein.

8.1.7 Überwacht die Abrechnung der zeitlichen Auslastung der Geräte

8.1.8 Plant und bearbeitet den monatlichen Kraftstoff- u. Energiebedarf der Abteilung ETT

8.1.9 Koordiniert und überwacht die Investleistungen sowie Leistungen für Fremde

8.1.10 Erledigt besondere org. Aufgaben auf Anweisung des Leiters ETT
~~xxxxxxxx xxxxxxxxxxxxxx xxxx xxxxxxx~~

8.1.11 Erarbeitet zum PWT die Maßnahmen entsprechend des Produktionsprofiles

8.1.12 Verantwortlich für die lt. ABAO 122/1 festgelegten Maßnahmen zur Durchführung von AH-Trainings der gesamten Belegschaft der Abteilung

9. Vergütungen		In Anlehnung an GGK/WLK-Nr.
9.1. Ansprüche nach RKV Tabelle, Stufe:	Vergütung erfolgt auf der Basis der tariflichen Bestimmungen.	
9.2. Zusätzliche Ansprüche (Deputat u. a. m.)		
9.3. Urlaub:	Grundurlaub: Arbeitstage, arbeitsbedingter Zusatzurlaub Arbeitstage Nicht aufzuführen sind personengebundene Urlaubsansprüche	

E-Lok mit 4 Achsen

Mitte 1985, es war recht warm, war ich in Vertretung beim Mittagsrapport beim Tagebauleiter. Dort kam über die Wechselsprechanlage vom Tagebaudispatcher die Meldung, E-Lok mit 4 Achsen im stationären Gleis entgleist. Nun erwartete ich, das war mehr oder weniger das Signal für den Werkbahnleiter zu fragen, ob es für ihn noch was gebe um sich dann zu verabschieden. Aber weit gefehlt. Der Tagebauleiter sah auf seinen Plan, stellte fest, dass ich Bereitschaft Tagebauleitungsdienst habe und schickte mich los um mich zu kümmern. Ich verstand die Welt nicht, aber das war alles echt. Ich war es, der sich verabschiedete und Helm und Funkgerät im Büro holte und sich zu Fuß zur Havariestelle machte. Sie war keine 500 Meter von der TU 40 entfernt, mitten im stationären Gleisbereich nördlich der Kohleverladung. Und tatsächlich lag mitten auf einer Kreuzungsweiche die E-Lok, keine Achse war noch auf den Schienen. Der Schichtleiter der Werkbahn war aber bereits vor Ort, diskutierte eifrig mit dem Lokführer und dem Dispatcher. Ich stand bestimmt eine gefühlte Stunde (sicher war es weitaus kürzer) dabei wie ein kleiner dummer Junge. Und auf der parallel verlaufenen Straße fuhren meine Kollegen und alle Abteilungsleiter in den Feierabend. Dann wurde auch ich einbezogen, ja sogar gefragt was machen wir nun? Nun das war eben der derbe Humor. Es stellte sich heraus, dass im Grunde die Bergung anorganisiert war. Es dauerte nicht lange, da kam die erste DET Raupe mit extrem starken Seilen angefahren, bald schon die zweite. Von der E-Lok wurden die Eingleiser, massive Konstruktionen aus Stahl heruntergewuchtet. Sie sind knapp über Gleisniveau an den Drehgestellen angebracht und wurden vor den Rädern der E-Lok in Stellung gebracht. Und dann wurde es spannend, gespannt haben sich auch die starken Seile die so mit DET und E-Lok verbunden waren, dass die Raupen die E-Lok über die Eingleiser wieder aufs Gleis bekamen. Das dauerte, immer wieder musste neu angesetzt werden. Alle aus dem Arbeitsbereich raus, ziehen, Fehlversuch. Erneut versuchen. So gegen 17:30 Uhr war es vollbracht, die E-Lok stand mit allen Achsen wieder auf dem Gleis, die Schäden am Gleis hielten sich in Grenzen. Die Havarie wurde beim Dispatcher abgemeldet, ich verschwand schnell von der Havariestelle und eben so schnell aus dem Tagebau nach Hause.

AFB Steine (3)

Die „Steinzeit" im Tagebau näherte sich dem Ende, der geologische Bereich, in dem sie verstärkt auftraten, war nahezu komplett überbaggert. Sie traten nur noch vereinzelt auf und doch wurden sie noch einmal hochaktuell. Es war für uns im Tagebau zunächst unvorstellbar, aber die Information lautete, sie sollen nach dem Westen verkauft werden, in die Bundesrepublik. Glauben konnten wir es erst als es konkret wurde, wir als Hilfsgeräteabteilung den Auftrag zur Verladung bekamen. Und mit dem Auftrag kamen die Probleme. Da waren zunächst die LKW, die die Steine abholen sollten. Vorgesehen war die Beladung auf LKW im Drehpunkt des Tagebaus. Die Steine wurden nicht nur am Schwenkende abgelagert, wenn die Transportentfernung auf der Strosse zum Drehpunkt kürzer war auch dort. Und da lagen sie nun und dahin führten auch Straßen, weitestgehend sogar asphaltiert und in gutem Zustand. Neben den Straßen, insbesondere auf den Rampen von der Rasensohle zum Drehpunkt gab es noch einen breiten „Raupenweg" für Kettenfahrzeuge oder bei Trockenheit auch für alle anderen. Aber dorthin gelangte man nur über Bahnübergänge und die waren doch deutlich anders als die im öffentlichen Kreuzungsbereich zwischen Eisenbahn und Straße. Man benötigte einfach mehr Bodenfreiheit. Und so fantastisch für uns die West-LKW Mercedes und MAN waren, für den rauhen Tagbaubetrieb waren sie nicht vorgesehen. Optimiert für bundesdeutsche Autobahnen fehlte ihnen u.a. eben die Bodenfreiheit. Das war im leeren Zustand noch kein Problem, beladen überquerten die Fahrer die Übergänge dann aber in Schrittgeschwindigkeit. Ein weiteres, fast noch größeres, Problem waren die Auflieger der LKW. Sie waren meist aus Aluminium, leicht, pflegeleicht, optisch toll, aber eben nicht vorgesehen für den Transport großer Steine. Unsere Ladetechnik und Verladetechnologie war auch eher konzipiert für das „Fallenlassen" von Schüttgut auf massive LKW Lademulden. Mit einem UB 1214 und Unterstützung mit Radlader mit Gabel, L 2 A bzw. UNC 200 wurden die Steine auf den Ladeflächen platziert. Bei aller Vorsicht ging es nicht ohne Beschädigungen der Bordwände der LKW ab. Daher rechneten wir auch nicht, dass diese Aktion wiederholt werden würde. Aber großer Irrtum. Die Findlinge fanden wohl zur Gestaltung von Parks, Findlingslehrpfaden und als Baumaterial reißenden Absatz wie uns die Kraftfahrer berichteten. Daher kam es zu einem zunehmenden Steintourismus, bald waren die abgelagerten und in Frage kommenden Steine im Drehpunktbereich alle, aber da lagen ja noch Tausende am Schwenkende. Ja und die, an die man noch problemlos herankam, wurden wieder geborgen und ebenfalls auf LKW verladen und weg waren sie. So war das.

1986

Werner Feldmann

Ich bin mir nicht ganz sicher ob es 1986 war, auf jeden Fall während des Winterkampfes. Ich hatte 12 Stunden (Nacht)-Tagebauleitungsdienst, wurde am Morgen vom Tagebauleiter Rolf Schlag abgelöst. Das ging problemlos, in der Nacht gab es keine besonderen Vorkommnisse und der Tagebauleiter hatte die Angewohnheit, sich auf der Fahrt zum Tagebau über Funk aus seinem PKW mit dem Tagebaudispatcher über die erreichten Zahlen (Abraum in Kubikmeter, Kohle in Tonnen) abzustimmen. Ich konnte also nach Hause ins Bett. Am späten Nachmittag kam mein Kollege Martin Winkler zu mir in die Wohnung, er wohnte mir gegenüber, und berichtete sachlich und doch etwas erregt von einem tödlichen Wegeverkehrsunfall des Planierraupenfahrers Werner Feldmann. Was war passiert? Nach Feierabend, das war für Mitarbeiter im Zweischichtbetrieb 13:30 Uhr, fuhr Werner Feldmann mit seinem Moped in Richtung Delitzsch, an der Bahnstrecke Halle – Eilenburg war die Halbschranke geschlossen. Das ignorierte der Kollege, fuhr an den wartenden Fahrzeugen vorbei, umkurvte die Halbschranke und wurde dabei dann von einem Personenzug aus Richtung Delitzsch erfasst. Er soll beim Aufprall von der Lok weggeschleudert worden sein, war wohl aber wegen der Wucht des Aufpralles sofort tod. Einen genauen Hintergrund für dieses Handeln kenne ich nicht, es gab Gerüchte zum Thema Alkohol, so wirklich sicher habe ich keine Erkenntnisse. Am darauffolgenden Tag hatte ich wieder normale Schicht, es gab in der Großküche ein beliebtes Mittagessen und dumme Witze dazu…

NSW BRD

Bei meiner Reise 1984 in die Niederlande hatten wir einen Besuch des Botschafters der DDR in den Niederlanden abgekürzt und die restliche Zeit des Abends genutzt, um nochmals Amsterdam bei Nacht zu besuchen. Dabei war der Besuch eines der kleinen und speziellen Kinos. Einerseits war ich begeistert, solche Kinos gab es in der DDR nicht, andererseits war ich nicht so begeistert von der „Kleinheit", Kinos mit 12 oder 16 Plätzen gab es in der DDR wohl auch nicht und insbesondere von dem Dreck da drin. Egal, immer auf Pünktlichkeit getrimmt hatte ich zu tun, meine Mitstreiter da raus zu bekommen, um rechtzeitig am Bus zu sein, der auf einem speziellen Busbahnhof neben dem Bahnhof in Amsterdam wartete. Wir sind wohl auch noch rechtzeitig aus dem Kino rausgekommen und zügig in Richtung Bahnhof gelaufen, leider in die falsche Richtung, nachts sieht im Roten Viertel in Amsterdam alles gleich aus. Wir haben es auch bald bemerkt, die Richtung gewechselt und waren doch nicht bis 24:00 Uhr am Bus. Der hatte den Parkplatz verlassen, (bezahlten Busparkplatz kannten wir eben auch nicht) und wartete mit laufendem Motor vor dem Eingang zum Parkplatz. Wir hatten mit einem Donnerwetter gerechnet, bekamen aber nur eine leichte Ermahnung. Jedoch waren wir uns klar darüber, dass der Vorfall irgendwie gemeldet werden würde. Wir hatten ja einen sogenannten Beauftragten der SED Kreisleitung Borna dabei, neben dem Reiseleiter. Ob er auch Angehöriger des Ministeriums für Staatssicherheit war, ist unklar. Die Vermutung liegt nahe, sicher gewusst haben wir es nicht. Auf jeden Fall war uns klar, eine weitere Reise ins NSW wird es wohl sicher nicht geben.

Also sagte ich gleich ab, als ich angesprochen wurde, mich noch einmal für eine solche Reise zu bewerben. Ich wurde aber weiter als Interessent geführt und was soll ich sagen, völlig problemlos stand eine erneute Reise auf dem Programm nach Bonn und Trier in die Bundesrepublik. Hier kann ich mich an weniger Einzelheiten erinnern, es war wieder eine Übernachtung in Berlin mit Rotlicht am folgenden Tag im zentralen FDJ Gebäude und gegen Mittag Abreise mit dem Interzonenzug durch Westberlin über Hannover nach Köln. Übernachtet haben wir in einer Jugendherberge auf dem Venusberg in Bonn. Die Verpflegung war gut, man war dort weit ab vom Schuss. Im Programm waren u.a. ein Besuch beim Bonner Generalanzeiger, eine Stadtrundfahrt insbesondere im Viertel der internationalen Botschaften und natürlich die Kölner Innenstadt mit Besuch des Kölner Dom und des Hauptbahnhofes.

Von diesem Hauptbahnhof aus ging es dann in einem Zug der Bundesbahn entlang Rhein und Mosel nach Trier. Verwundert war ich dort vom Betrieb in der Innenstadt am Samstagvormittag, in den Freiluftarealen der Cafés herrschte ein reges Treiben. „Höhepunkte" waren dort ein Treffen mit Gewerkschaftsfunktionären und eine organisierte Feier. Begeistert war ich beim Einkauf für diese Feier von den Preisen, u.a. Wein in 5 Liter Pappkartons von ALDI, Sangria. Aber so wie die Preise eben günstig waren war das Niveau der Reise auch nicht so herausragend. Das sollte nicht falsch verstanden sein, eine Reise in die BRD war etwas ganz Besonderes, insbesondere, wenn sie halb geschenkt war. Trotzdem fühlte ich mich zwei Jahre davor in Holland irgendwie wohler. Trotz eines Besuches in einem SATURN, einem Elektronikmarkt von der Größe eines Kaufhauses in der DDR, eines inoffiziellen Besuches in Luxemburg auf einem Trödelmarkt, hingefahren in einem FORD Capri und einem tollen Kneipenabend in Bonn.

Im Vorfeld dieser Reise im Herbst 1985 spielte sich nachfolgendes ab. Ich saß im Zimmer des Abteilungsleiters Günter Kirsten allein mit ihm als die Sekretärin Frau

Börner vorsichtig durch die Tür lugte um zu informieren, dass Besuch da wäre. Sie machte die Tür dann etwas weiter auf, so dass mein Chef erkennen konnte wer da im Vorzimmer wartetet. Ob er die Person kannte, erkannte oder wie auch immer, er bat mich den Raum zu verlassen, der Besucher trat ein, die Tür wurde geschlossen. Ich war von dem Vorgang etwas verwirrt und war mir schon wenige Stunden danach sicher, dass ich die Person weder wiedererkennen noch beschreiben könne. Nach ca. 20 Minuten klingelte mein Telefon, wir hatten eine Vorzimmeranlage, einen Apparat die Sekretärin, einen der Chef, einen ich, Rufnummer war 293. Er bat mich (wieder) in sein Zimmer. Nach einer gekünstelten Pause, er baute so manchmal Spannung auf sagte er zu mir: „Du willst wieder in den Westen fahren“? Ich war einigermaßen überrascht, er wartete aber nicht lang und ergänzte, ich habe zugestimmt. Keine weiteren Worte dazu. Später, als nach Abkehr im BKK Bitterfeld/MIBRAG mir meine Kaderakte ausgehändigt wurde, fand ich darin eine Stellungnahme vom Parteisekretär der Abteilung. Ich war etwas überrascht aber wiederum, was habe ich erwartet. In meiner „Stasiakte“ fand ich dann zu jeder Reise im Vorfeld getätigte Erkundigungen und Befragungen insbesondere von Nachbarn, die waren vom Wortlaut meist ziemlich lustig.

Delitzsch, den 01. 11. 1985

Antrag auf NSW-Reise

Pache, Bernd	geb. am 23.02. 1958 in Leipzig
erlernter Beruf:	Instandhaltungsmechaniker
jetzige Tätigkeit:	Technologe
Wohnanschrift:	7270 Delitzsch, Otto v. Guericke-Str.6
PA-Nr.:	P 0100995
Personenkennzahl:	230258423922
organisiert:	SED; FDGB; FDJ; DSF; FFW

Begründung durch die APO

Der Genosse Pache, Bernd arbeitet seit 1.9.1974 im BKK Bitterfeld.

Während dieser Zeit war sein Auftreten und Wirken im Betrieb verantwortungsbewußt und zuverlässig. Besondere Aktivitätn zeigte er in seiner gesellschaftlichen Arbeit als APO-Leitungsmitglied und Sekretät der FDJ-Abteilungsorganisation.

Seine Arbeit trug maßgeblich dazu bei, daß die gesellschaftliche Arbeit in der Abteilung aktiviert werden konnte und sich positiv entwickelt.

Die APO-Leitung befürwortet die Teilnahme des Genossen Pache, Bernd an einer NSW-Reise.

[Unterschrift]		
....	....	....
APO-Sekretär	BPO-Sekretär	FDJ-Sekretär

Winterkampf Veranstaltung Gewandhaus

Nach dem Winter 1978/1979 wurde technisch und organisatorisch ein großes Augenmerk auf die Absicherung der Kohleförderung und damit der Energieversorgung der DDR gelegt. Seit 1981 mit Hilfsgerätetechnik aus dem kapitalistischen Wirtschaftsraum (Komatsu aus Japan, Vermeer USA, Zettelmeyer BDR) bestückt wurden die Winter weiterhin zunehmend zum Kampf, zum Winterkampf. Und dafür waren besondere Anstrengungen erforderlich und dafür benötigte man Hilfe. Die wurde organisiert, Arbeitskräfte aus Betrieben der umliegenden Landkreise, oft auch gleich mit Technik, von der LPG Glesien K 700 und W 50 Mannschaftstransport LKW, Technik die in der Landwirtschaft im Winter nicht (so intensiv) benötigt wurde (die Beziehungen zur genannten LPG bestanden schon länger, in den Sommermonaten halfen wir mit Technik, die die LPG nicht im Bestand hatte), aus dem Betonwerk Lausig auch LKW mit Fahrer, aus den südlichen Bezirken (Suhl) Arbeitskräfte und natürlich Soldaten der NVA, auch diese teilweise mit Technik.

Im Frühjahr 1986 wurde dann erstmals zu einer Dankveranstaltung eingeladen. Mit Ehefrauen bzw. Partner gab es zunächst ein festliches Konzert im Gewandhaus Leipzig und daran anschließend einen Empfang im Neuen Rathaus Leipzig. Beides sehr gelungene Veranstaltungen.

1987

Winterkampf

Auch im Winter 1986/1987 tobte der Winterkampf und aus den vorangegangen Wintern bereits gelernt, wurden unmittelbar ab Jahresanfang entsprechende Einsatzstufen ausgerufen. Es war das komplette Programm mit zusätzlichen Arbeitskräfen aus den südlichen Bezirken der DDR, vorwiegend aus dem Bezirk Suhl, liebevoll als „Löffelschnitzer“ bezeichnet, aber auch wieder von der NVA und aus regionalen Betrieben. In unserer Abteilung unter anderem auch wieder im Einsatz ein K 700 A aus der LPG Pflanzenprodution Glesien, vorgesehen zum Einsatz mit einem Strahltriebwerk zum Auftauen noralgischer Punkte. Auch das Betriebregime wurde umgestellt, Leitungsdienst im 12 Stundenrhytmus, Besetzung wichtiger Maschinen über die übliche Arbeitszeit hinaus dann auch mit Zwölfstundenschichten. Als ich am 03.01.1987 meine erste 12 Stundenschicht antrat ahnte ich noch nicht, dass 25 weitere folgen sollten, insgesamt 26 Tage á 12 Stunden Nachtschicht, nur zweimal einen Tag frei, ansonsten ohne Pause durch. In diesen Zeitraum fiel die Fahrt meines Bruders, um unsere Mutter zu einem Klinikaufenthalt nach Leipzig zu bringen. Es war Anfang Januar, die Temperatur früh im Bereich unter minus 20° C. Er berichtete, dass die Heizung seines Trabant mit Luftkühlung erst kurz vor Ankunft in Leipzig ansprach, mit einem lauen Lüftchen. Vor unserer Arbeitsstätte der TU 40 (Tagesunterkunft für 40 Personen, dieses Gebäude war das erste errichtete Gebäude der späteren Tagesanlagen des Tagbebau) hatte ich gemeinsam mit meinem Kollegen Klaus Wiesner in einem kleinen Birkenbaum ein Thermometer aufgehangen. In einer sehr kalten Nacht Mitte Januar 1987 zeigte es -29° C an.

Bild der inzwischen gewachsenen Birke nach 1993

Auch in der Großküche des Tagbaues musste nun zusätzliche Arbeit geliefert werden, die Anzahl der Mitarbeiter war ja extrem gestiegen und jedem stand mindestens eine warme Mahlzeit am Arbeitsplatz zu. So musste auch der Küchenchef Überstunden machen und hatte mangels eigenem Fahrzeug und den festen Zeiten des Berufsverkehrs keine Möglichkeit, nach den geleisteten Überstunden meist tief in der Nacht nach Hause zu kommen. Das war dann natürlich unsere Aufgabe als Transportabteilung. Ich berichtete ihm vom Krankenhausaufenthalt meiner Mutter und so ergab es sich, dass meine Kollegen und ich in der Nacht stets gut versorgt waren, aber auch meine Mutter konnte ich im Krankenhaus mit Südfrüchten versorgen lassen. Der mittlere Lohnzettel zeigt das höchste je an mich ausgezahlte Gehalt im Tagebau Delitzsch-Südwest.

Eine Schrecksekunde (oder Minuten) hatte ich noch beim Einsatz des K 700 mit Strahltriebwerk. Wenn die Nacht ansonsten weitestgehend ruhig verlief, nutzten wir das Strahltriebweg um beispielsweise Bahnübergänge von Schnee und Eis zu befreien. So auch am Überweg 105, einem unbeschrankten Überweg über die Kohle-verbindungsbahn zum Stellwerk 102 und somit zur Deutschen Reichsbahn. Gesichert wurde dieser Überweg mit einer Lichtsignalanlage. Und die versetzte mich in Schrecken, hatte ich doch gerade den Fahrer des K 700 eingewiesen und das Säubern des Überweges ging dann sehr schnell durch den enormen Schub des Strahltriebwerkes und die hohe Abgastemperatur. Und genau in dem Moment als sich ein Winkeleisen der Überwegsplatten löste und nun nach oben stand ging die Signalanlage an und kündigte einen nahenden Zug an. Ich setzte mich umgehend per Funkgerät mit dem Tagebau-dispatcher in Verbindung, er berichtete mir zu allem Überfluss auch noch, dass sich der Kohlezug aus Richtung der Kohleverladung nähern würde. Und genau in diese Richtung zeigend stand das Winkeleisen nach oben. Der Zug war nicht mehr zu stoppen und bereits nach ca. 10 Sekunden hatte ich Gewissheit, es ist alles gut gegangen. In dieser Nacht waren wiederum um die -20° c, aber da wurde mir warm.

LOHNABRECHNG. 12/86 BKK BITTERFELD ABT 290 PACHE,BERND 050101
STKL 3 GEH 1250 D-STDL 0,600 0,000 0,000 ZST 0021

SV-LEISTG.	TG-SATZ	TAGE	BETRAG	%	DU. JE TAG		
SVL.KRANKHEIT	41,75	8,0	334,00	90 NETTO	46,39	23	1066,87

LOHNART	STDL	STD/TG	BETRAG	BT/TAB	BT/5%	BT/FREI	SV-PFL
ZEITLOHN/GEHALT		113,8	706,62	706,62			706,62
LSTG.ABH.GEH.ZUL.	0,86	131,3	114,15	114,15			114,15
WOCHENFEIERTAG	6,21	17,5	108,68	108,68			108,68
AUSF.ZT.KRANKHEIT		70,0					
TG 23,0/15,0/15,0 SE.		201,3	1263,45	929,45		(DP,392)	929,45

EH/KIND	R-PF	ABSCHL	LST-TAB	LST-5%	ZV-BEI	SV-BEI
20,00	0,00	500,00-	173,48-			39,13

LICHT 0,20- DEPUT,ENTSCH, 6,03
ABSCHLAG 01 500,00 UEBERWEISUNG 1076,67- AUSZUZ.BETR 0,00 **

LOHNABRECHNG. 01/87 BKK BITTERFELD ABT 290 PACHE,BERND 050101
STKL 3 GEH 1250 D-STDL 0,655 0,000 0,000 ZST 0021

LOHNART	STDL	STD/TG	BETRAG	BT/TAB	BT/5%	BT/FREI	SV-PFL
ZEITLOHN/GEHALT		183,8	1192,89	1192,89			1192,89
ZEITL.UEBERSTUND.	8,94	8,0	71,58	71,58			71,58
ZEITL.UEBERSTUND.	7,89	139,0	1097,37	1097,37			1097,37
LSTG.ABH.GEH.ZUL.	0,80	192,6	155,00	155,00			155,00
WOCHENFEIERTAG	6,49	8,8	57,11	57,11			57,11
SCHICHTPRAE.NACHT	7,00	15,0	105,00			105,00	
TG 22,0/22,0/ 0,0 SE.		339,6	2678,95	2573,95		(DP,392)	2573,95

EH/KIND	R-PF	ABSCHL	LST-TAB	LST-5%	ZV-BEI	SV-BEI
20,00	0,00	500,00-	495,57-			60,00-

LICHT 0,20- DEPUT.ENTSCH. 6,03
ABSCHLAG 02 500,00 UEBERWEISUNG 2149,21- AUSZUZ.BETR 0,00 **

LOHNABRECHNG. 02/87 BKK BITTERFELD ABT 290 PACHE,BERND 050101
STKL 3 GEH 1250 D-STDL 0,690 0,000 0,126 ZST 0021

LOHNART	STDL	STD/TG	BETRAG	BT/TAB	BT/5%	BT/FREI	SV-PFL
ZEITLOHN/GEHALT		148,8	1062,24	1062,24			1062,24
LSTG.ABH.GEH.ZUL.	0,85	148,8	127,47	127,47			127,47
URLAUB	7,95	26,3	209,22	205,91		3,31	205,91
TG 20,0/20,0/ 0,0 SE.		175,1	1398,93	1395,62		(DP,392)	1395,62

EH/KIND	R-PF	ABSCHL	LST-TAB	LST-5%	ZV-BEI	SV-BEI
20,00	0,00	500,00-	258,00-			60,00-

LICHT 0,20- DEPUT.ENTSCH. 6,03
ABSCHLAG 03 500,00 UEBERWEISUNG 1106,76- AUSZUZ.BETR 0,00 **

DET im Probebetrieb

1987 bekam unsere Abteilung den Auftrag, eine Weiterentwicklung der Planierraupe DET 250 unter den spezifischen Bedingungen im Tagebau zu testen. Die Maschine war mehrere Wochen im zweischichtigen Betrieb im Einsatz und wurde stark gefordert. Begleitet wurde dieser Einsatz von mehreren Mitarbeiten des Herstellers, die insbesondere Neuerungen erläutern und bei technischen Problemen zur Seite stehen sollten. Die Leistung der Maschine war wohl mindestens so gut wie an den vorhandenen DET 250 mit den entsprechenden Auswirkungen der etwas höheren Motorleistung. Kritik ist mir in Erinnerung bezüglich noch schlechter zu reinigender Fahrwerke als an der DET 250 und eine festgefressene Stützrolle, die, da sie sich nicht mehr drehte, flachgeschliffen wurde. Aber die hauptsächliche Ursache der Ablehnung dieser Maschine war, dass das Bessere der Feind des Guten ist. Bereits seit 1981 waren im Tagebau Komatsu D 155 A und seit 1986 Komatsu D 65 E im Einsatz. Maschinen die den absoluten technologischen Höchststand international darstellten, der bezüglich Komforts und Zuverlässigkeit einfach nicht zu übertreffen war. So kam es, dass die Probemaschine im Test durchgefallen war. Es fand sich wohl aber ein dankbarer Abnehmer für die Maschine, ein Kieswerk in Sömmerda/Thüringen nördlich von Erfurt.

DET 320 als Prototyp im Einsatz im Tagebau Fotomontage Jörg Münzer

Nachfolgend ein Bild einer „originalen" DET 250, aufgenommen Mitte der 80er Jahre. Ob es sich tatsächlich um die Nummer 1 handelt ist nicht sicher, die Farbgebung der Tür deutet darauf hin, dass es nur die Tür der DET 1 ist. Oft war es zum Beispiel üblich, Technik, die zur Generalreparatur vorgesehen war, mit Bauteilen von anderen Maschinen auszustatten, deren Verschleißgrad noch höher als der der Maschine für die Generalreparatur war. In jedem Fall war die DET Nummer 1 die erste im Jahr 1967 für den Tagebau Holzweißig ausgelieferte Maschine dieser Leistungsklasse aus der Sowjetunion. Die ersten „DET-Fahrer" waren Otto Lehmann und Winfried Brandt, meine späteren Kollegen. Beim Schreiben fällt mir auf, dass auch in diesem Buch durchaus die

DET oder der DET als Schreibweise auftauchen kann. Beides ist richtig bzw. nicht falsch. Bei dem DET handelt es sich um den Diesel-Elektro-Traktor. Die DET ist die Planierraupe, aber eben auch ein DET (der), verwirrend.

DET 1 Foto Jörg Münzer

Hybride

Spätestens seit 1997 der PKW Toyota Prius in den Markt eingeführt wurde ist der Begriff Hybrid mindestens unter der autofahrenden Bevölkerung ein Begriff. Aber bereits in den 80 er Jahren waren in Delitzsch-Südwest Hybridbagger im Einsatz. Es war der Kettenbaggertyp UB 632 mit Ladeschaufelausrüstung zur Bandreinigung, von uns liebevoll Kuchenschieber genannt. Technologisch im Einsatz waren die beiden UB 632 im Bereich der Kohlebandanlage, insbesondere in der Kohleverladung und an der Eckstation im Drehpunkt im Grubenbetrieb, hauptsächliche Aufgabe war die Beseitigung von Streumassen unter den Bändern. Und diese Maschinen wurden mit einem zusätzlichen Elektromotor ausgestattet und mittels einer mechanisch von Hand bedienten Einrichtung (Spindel) konnte der Dieselmotor zu bzw. abgeschalten werden um durch den Elektromotor ersetzt zu werden. Transport von einer Einsatzstelle zur nächsten = Dieselmotor, permanenter Einsatz an der gleichen Stelle = Elektromotor. Auf nachfolgendem Bild der UB 632 im Einsatz an der Eckstation der Kohlebandanlage, mit guten Augen erkennbar der Elektroschaltkasten und das Elektrokabel zum Bagger. Diese Antriebstechnologie bot sich an, da der Einsatz der Maschinen ja in einem engen Bewegungsradius erfolgte. Die Leistungsklasse dieser Maschinen sprach nicht für einen exorbitanten Kraftstoffverbrauch, in jedem Fall aber war es ein Beitrag zur Einsparung von Dieselkraftstoff.

UB 632 Foto Jörg Münzer

1988

Bahnhofsumbau 1055

Etwa Mitte 1988 machte sich eine besondere Maßnahme erforderlich. Planmäßig Mitte 1992 würde die Kohleverbindungsbahn Breitenfeld – Delitzsch-Südwest durch den Tagebaufortschritt unterbrochen werden. Um aber weiterhin die Kohleverbindungsbahn zum Stellwerk 101 und somit den Transport der Breitenfelder Kohle zu gewährleisten, machte sich die Schaffung einer neuen Gleisverbindung nach Breitenfeld erforderlich. Die müsste über die Kippe des Tagebau Delitzsch-Südwest geschaffen werden. Das sollte durch eine Dammschüttung durch den Absetzer 1055 realisiert werden. Dazu musste der stationäre Gleisbereich der Zufahrt zum Absetzer 1055 an einer anderen Position neu gestaltet werden. Wie in den allermeisten Fällen wurden solche Investmaßnahmen durch Fremdbetriebe durchgeführt, hier vom BMK Erdbau Thalheim. Warum genau, ist mir nicht bekannt. In jedem Fall war das fertige Ergebnis falsch, die Position der Erhöhung eines Kurvenradius als Zufahrt aus dem Bereich der stationären Gleisanlagen des Tagebaues zur Innenkippe befand sich zu weit nördlich. Zu vermuten ist, dass das BMK Erdbau keine Kapazitäten dafür hatte das zu korrigieren oder es lag ein Fehler in der Planung vor. Ich weiß es nicht. Auf jeden Fall bekamen wir als Abteilung H u N und ich als Verantwortlicher den Auftrag den Fehler zu korrigieren, den fertiggestellten Bereich ca. 100 Meter weiter in Richtung Süden zu versetzen. Es sollte mit Planierraupen geschehen, klang recht einfach. War es im Grunde auch, doch der Teufel steckt im Detail. Durch die Markscheider des Tagebaues wurde der neue Trassenverlauf eingemessen, mit Holzpflöcken der Verlauf gekennzeichnet und wie immer bei solchen Maßnahmen die Höhe am Holzpflock notiert. Doch die

Planierraupenfahrer mussten dann die Erdmassen an den Pflöcken vorbei schieben. Es war nahezu unmöglich, diese unbeschädigt zu lassen. So kam es immer wieder zu tollen Diskussionen mit dem Leiter der Markscheider des Tagebaues, ob der zusätzlich erforderlichen Arbeit, die Höhen immer wieder neu einzumessen. Bei meinem Partner in der Tagebautechnologie Helmut Selch, der mir die fachliche Anleitung gab, fand ich viel Verständnis, bei den Planierraupenfahrern und Markscheidern eher weniger. Dann war da noch mein Kollege Lutz Böhnisch, er hatte die Aufgabe, den neu erschaffenen Damm zu verdichten mit einem Traktor ZT 303 und einer motorbetriebenen dynamischen Verdichtungswalze. Lutz Böhnisch war ein sehr dynamischer Vertreter seiner Zeit, gern auch mit dem Traktor zügig unterwegs. Hier war es seine Aufgabe möglichst langsam den gesamten Bereich immer und immer wieder zu befahren, das wochenlang. Das war nichts für ihn, ich hatte nahezu täglich damit zu tun, ihn zum Weitermachen zu motivieren. Aber irgendwann gingen ja alle Baustellen einmal zu Ende.

Auf dem Luftbild in der Mitte ist die Kurve erkennbar. Quelle GeoSN dl-de/by-2-0

Zettelmeyer

Die Zettelmeyer Baumaschinen GmbH war ein deutscher Hersteller von Baumaschinen. So lt. Wikipedia 2022. 1988 machte zunächst ein Gerücht die Runde, was aber auch bald bestätigt wurde, nämlich dass wir zwei Radplaniergeräte von diesem Hersteller aus der Bundesrepublik geliefert bekommen. Sinn, Zweck und Hintergrund gaben reichlich Stoff für Spekulationen, mir blieb in Erinnerung, dass wir uns darauf verständigten, dass es ein Test sei, inwiefern diese Technik im Tagebaubetrieb effektiv einsetzbar ist. Mir ist heute unklar, wie es zu der folgenden Entwicklung bei der Vorbereitung und auch beim Einsatz der Maschinen kam. Die gesamte Maßnahme sollte unter „Parteikontrolle" ablaufen. So kam es, dass nicht die Fachleute (so war meine Sicht), nämlich die Planierraupenfahrer mit der Aufgabe betraut wurden, sondern Mitarbeiter des Meisterbereiches, dem das Mitglied der Bezirksleitung der SED vorstand, sein Name war Siegfried Dudziak. Die Montage der Maschinen und erste Testarbeiten führten auf jeden Fall Mitarbeiter des genannten Meisterbereiches durch. Später hatten uns die Mitarbeiter der Lieferfirma in die Gaststätte „Eilenburger Chaussee" zu einem Umtrunk eingeladen, da war dann der Meister Planierraupen mit anwesend, ich vermute, die Maschinen wurden dann doch bald diesem Meisterbereich zugeordnet, wo sie ja auch hingehörten. In jedem Fall gab es in den ersten Einsatzwochen reichlich Interesse an den Maschinen. Und reichlich Zuschauer beim Vergleichstest zur bewährten Technik.

Zettelmeyer Foto Jörg Münzer

1989

PMD Rekultivierung

PMD? Wer oder was ist das? Peter-Michael Diestel (* 14. Februar 1952 in Prora) ist ein deutscher Rechtsanwalt und ehemaliger Politiker (DSU, CDU). Er war im Kabinett von Lothar de Maizière der letzte Minister des Innern der DDR. In Wikipedia steht auch: Diestel arbeitete von 1978 bis 1989 als Leiter der Rechtsabteilung der Agrar-Industrie-Vereinigung Delitzsch. 1986 hat er mit einer Dissertation über LPG-Recht zum Dr. jur. promoviert. Und in genau dieser Position habe ich ihn kennengelernt.

Durch den Braunkohlenbergbau wurde der Landwirtschaft Produktionsfläche entzogen, im Bereich des Tagebau Delitzsch-Südwest sehr hochwertiger Boden mit einer hohen Bodenwertzahl. Von den geplanten 2.900 ha Entzug landwirtschaftlicher Nutzfläche war vorgesehen 2.400 ha als landwirtschaftliche Nutzfläche zurückzugeben. Und die Landwirtschaftsbetriebe waren daran interessiert, diese Flächen sobald wie möglich wieder zurückzubekommen. Dazu war eine umfangreiche Rekultivierung der Kippenflächen des Tagebaues erforderlich. Das betraf zum einen das Planieren zu einer geraden Fläche für den Einsatz von landwirtschaftlichen Maschinen, die erforderliche Entwässerung und insbesondere aber auch die Wiederherstellung einer möglichst hohen Bodenwertzahl. Da ja im Tagebau das Unterste im wahrsten Sinn des Wortes nach oben gekehrt war, war die Qualität des Bodens zur landwirtschaftlichen Nutzung extrem reduziert. Doch es gab Möglichkeiten die Bodenqualität zu verbessern. Neben chemischen und biologischen Maßnahmen der Landwirtschaftsbetriebe gab es noch die Möglichkeit den guten Mutterboden auf der Gewinnungsseite selektiv abzubaggern und gezielt auf die zu rekultivierenden Flächen zu verstürzen. Das war technologisch keine Zauberei, war in anderen Tagebauen durch rückwärts zu kippende und nur halb gefüllte Abraumwagen realisiert worden, aber eben schon ein erheblicher Aufwand. Das war jedoch so 1:1 nicht umsetzbar, da die obersten Schichten mit Bandabsetzer aufgetragen wurden, dadurch entstand der Mehraufwand durch zusätzliche Planierarbeiten. Diese Zusammenhänge waren auch den Bauern klar, sie bestanden aber natürlich auf die fest eingeplante Fläche jedes Jahr zur Rückgabe und erneute Überführung in landwirtschaftliche Nutzung.

Vorrangiges Ziel war jedoch die unverzügliche, qualitätsgerechte „Nutzbarmachung für landwirtschaftliche Zwecke“. Diese Formulierung war im § 13 des Berggesetzes der DDR vom 12.05.1969 festgeschrieben. Weitergehende Bestimmungen hierzu enthielten die Wiederurbarmachungsverordnung vom 10.04.1970 und die Rekultivierungs-AO vom 23.02.1971. Damit sollten die Bemühungen der DDR-Regierung zur höchstmöglichen Eigenversorgung der Bevölkerung mit landwirtschaftlichen Produkten aus eigenem Aufkommen gesichert werden. Der Boden zählte in der DDR, die pro Einwohner nur etwa 0,36 Hektar landwirtschaftliche Nutzfläche zur Verfügung hatte, zu den kostbarsten Gütern. (12)

Ich war an der Zusammenkunft vor Ort auf einer bereits rekultivierten Fläche nur als Gast, als Fahrer der Gäste und Kollegen anwesend und bei der späteren Beratung im Zimmer des Tagebauleiters nicht dabei, war aber beeindruckt von der Vehemenz und dem Selbstbewusstsein der Bauern. Der Rekultivierung wurde weiter die hohe Aufmerksamkeit gewidmet, die zurückzugebenden Flächen waren fester Bestandteil der Jahresbetriebspläne. Siehe auch Bilder Seite 142.

Sportfest

Mitte der 80er Jahre waren über 2.000 Beschäftigte der „Kohle“, des BKK Bitterfeld im Landkreis Delitzsch tätig. Da, wie in allen Großbetrieben, Sport einen hohen Stellenwert hatte, wurde dem BKK Bitterfeld das Ludwig-Jahn-Stadion in Delitzsch zugesprochen. Wie das technisch organisatorisch abgelaufen ist kann ich nicht sagen. Auf jeden Fall hatten wir einen Platzwart zu stellen. Dazu konnte Benno Albrecht gewonnen werden. Er war Sportler, der selbst Fußball spielte, wusste worauf es ankam. Er hat sich sehr engagiert und akkurat um die Pflege der Sportanlage gekümmert. Er kam ab Ende 1987 zum Einsatz. So wurde dann auch an einem Samstag zum Sportfest mit Familie eingeladen. Eine rundum gelungene Veranstaltung, beim Kugelstoßen konnte es nur einen Sieger geben...

Bernd Pache Foto Jörg Münzer

Brennende Reifen

Vermutlich oder eigentlich ganz sicher aus der Praxis heraus Bahnübergänge im Tagebau bei starkem Nebel bei Nacht mit brennenden Reifen abzusichern war es üblich geworden, für den Berufsverkehr die wichtigen Einmündungen vom öffentlichen Straßenverkehr in den Bereich der Betriebsstraßen und die wichtigen Betriebsstraßeneinmündungen im Tagebaubereich außerhalb der Tagesanlagen ebenso abzusichern. Bei den Bahnübergängen ging es hauptsächlich darum, vor geschobenen Zügen zu warnen, dort war der Lokführer hinten am Zug und konnte selbst den kommenden Wegeübergang nicht einsehen bei Annäherung. Zwar hatten die Abraumwagen mindestens einen Metallreifen auf einer der Achsen, der bei Bewegung ein typisch metallisches Geräusch verursachte, Kohlewagen sogar eine Glocke, jedoch ist es enorm, wie starker Nebel Geräusche dämmt. Für die Kraftfahrer der Busse des VEB Kraftverkehr ging es aber mehr darum, die Einmündungen zu kennzeichnen. Sofern der Dispatcher diese Maßnahme anordnete wurden die Abfahrten an der Straße nach Leipzig im Bereich der Feldscheune, die Tagebaueinfahrt bei Quering, die Einmündung der Straße von EuE von Quering kommend auf die Straße aus Gertitz und die Einmündung der Straße von der Feldscheune auf die Straße von Gertitz/EuE so gekennzeichnet. Einmal im Winter 1989/1990, die politischen Veränderungen waren im vollen Gange war ich mit einem Kollegen vom Bereich Personentransport dabei, einen Reifen im Bereich der Feldscheune zu platzieren und anzuzünden. Nicht schlecht gestaunt haben wir, als wir zu diesem Zeitpunkt, also zwischen 04:00 und 05:00 Uhr von mehreren Personen verbal angegriffen wurden im Sinne des Umweltschutzes dies zu unterlassen. Nun, wir haben uns nicht beeindrucken lassen, ich glaube aber, diese Praxis ist dann später „eingeschlafen".

1990

Devastierte Orte

Drei Orte wurden im Rahmen des Tagebaufortschrittes devastiert, zwei davon komplett überbaggert. Der erste dieser Orte, der dem Tagebau weichen musste war Kattersnaundorf. An diesen Ort kann ich mich kaum noch erinnern obwohl ich als Jugendlicher in den Sommermonaten öfter mit dem Fahrrad in Richtung Autobahnbrücke in Wiedemar durchgefahren war. Zur Autobahnbrücke Wiedemar sind wir gefahren um „Westautos zu gucken". Dort ging die Interzonenautobahn von Bayern nach Westberlin durch. Ja und dann war da noch ein cleverer Kollege, der sich in Kattersnaundorf rechtzeitig eine Wohnung sicherte, wohl wissend, dass er dadurch an eine Neubauwohnung in Delitzsch kommen konnte als der Ort dann freigezogen wurde. Namen sollen keine Rolle spielen, es war ein Kollege der ursprünglich bei der Wismut gearbeitet hatte. Hat auch alles geklappt mit der neuen Wohnung.

Eine historische Besonderheit zu Kattersnaundorf gibt es aber schon. Urkundliche Nennungen von Orten haben in der Regel nichts mit der Gründung eines Ortes zu tun. Es sagt lediglich aus, dass dieser Ort zu diesem Zeitpunkt Gegenstand einer Nennung wurde und dies beurkundet wurde. Kattersnaundorf bildet hier eine Ausnahme. In der sogenannten Barbarossa-Urkunde von 1156 ist höchstwahrscheinlich die Gründung des Dorfes festgehalten. Bestätigt von Kaiser Friedrich dem I. (1123 bis 1190) genannt Barbarossa.

Der zweite Ort der dem Tagebau weichen musste war Grabschütz nahe der Ortschaft Zwochau. Der Ort wurde 1985 abgerissen und danach überbaggert. Dort hatte ich mal an einem Samstag zu tun, mehrere Planierraupen hatten dort gearbeitet, ein Raupenfahrer hatte ein etwas stärkeres Elektrokabel zerrissen. Das brachte den Diensthabenden der Abteilung Sicherheit auf den Plan, er sollte den Vorfall untersuchen. Viel zu untersuchen gab es da nicht, er schaute sich das an, die Schichtelektriker reparierten den Schaden am Kabel und gut.

Der dritte Ort, der im Zusammenhang mit dem Tagebau verschwand war Werbelin. Das Dorf war ein sogenannter Rundling, auf Bildern ist gut die Anordnung der Wohnhäuser rund um den zentralen Platz im Dorf erkennbar. Noch kurz vor Stilllegung des Tagebaues musste der Ort weichen, er wurde nicht mehr komplett überbaggert, an sich sehr schade. Damit das nicht falsch verstanden wird, schade finde ich, dass der Ort trotzdem weichen musste. Auf Wiesen am Dorf wuchsen Pilze, jeden Herbst nach Feierabend ein Ziel für mich (für den Magen).

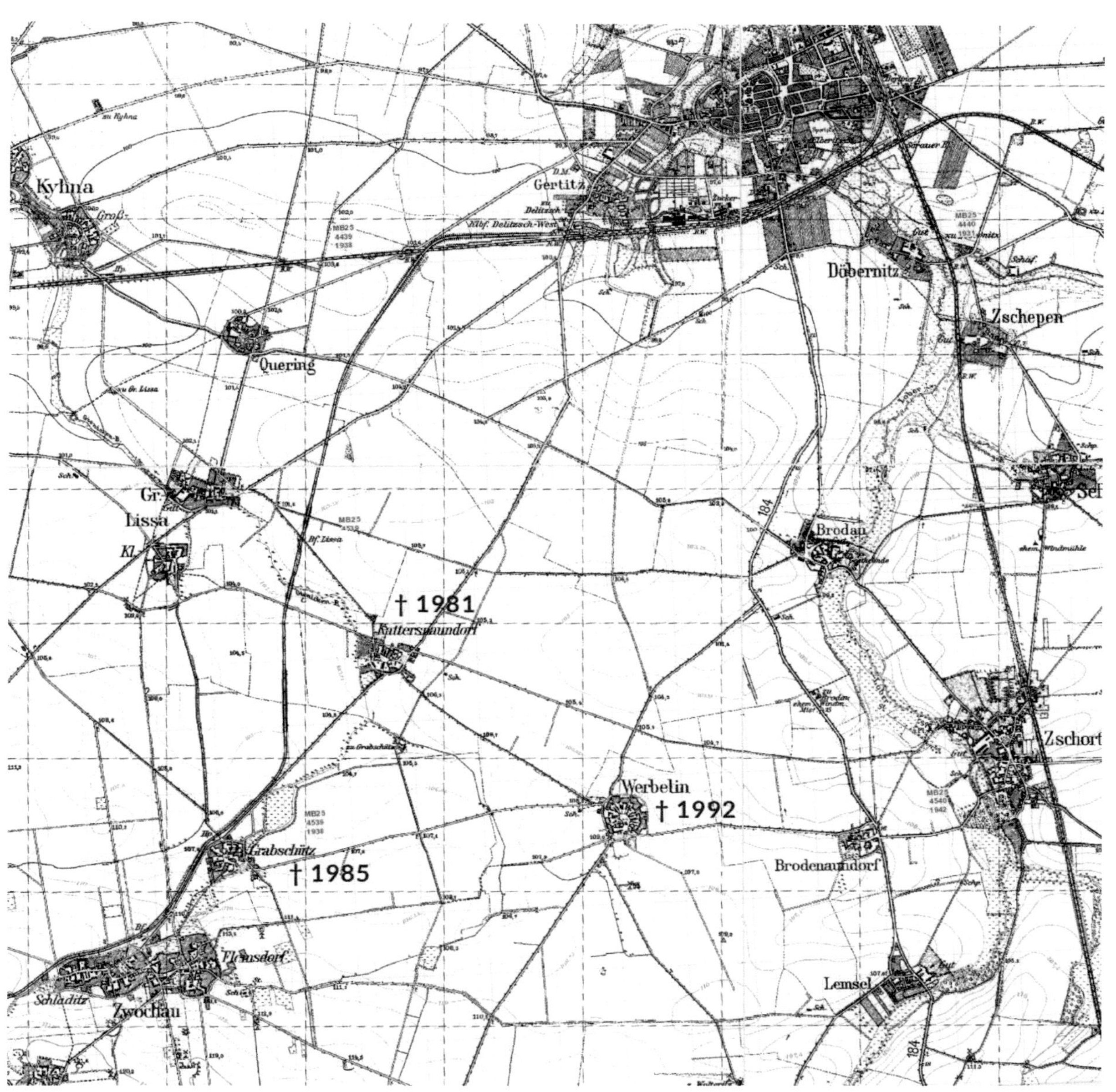

Messtischblatt vor 1945. Die markierten Ortschaften wurden später durch den Tagebau zerstört.
© geoviewer.sachsen.de

Stand 1990 und Planung

Im Zusammenhang mit den sich ab Mitte 1990 abzeichnenden politischen Entwicklungen war für mich sehr schnell klar, wie sich der Braunkohlenbergbau in der DDR weiterentwickeln würde. Er würde stark zurückgehen, der Tagebau Delitzsch-Südwest dabei eher noch relativ lange im Vergleich zu anderen Tagebauen im Betrieb bleiben. Ohne konkrete Marktzahlen zu haben, war ich vom Anteil der Braunkohle an der Heizung von Gebäuden, sowohl im Einfamilienhausbereich als auch bei der Beheizung ganzer Wohnkomplexe ausgegangen. Die in der Bundesrepublik sehr weit verbreitete Anwendung von Öl und Gas war einfach sauberer. Das war ein Umstand, nach dem sich alle sehnten, die die Misslichkeiten im Zusammenhang mit der Anwendung von Braunkohle und Braunkohlenbrikett kannten. Aus knapp 23 Jahren im mit Kohle geheiztem Elternhaus waren mir Dreck und Aufwand bei Anlieferung,

Einlagerung, zur Feuerstelle verbringen und schließlich der Ascheentsorgung sehr gut bekannt. Für Besitzer einer zentralen Heizungsanlage beschränkte sich das alles auf den Keller bzw. Raum, in dem der zentrale Ofen stand. Die körperlichen Arbeiten und der Umstand, dass es eben erst warm wurde, wenn man angeheizt hatte, blieben ja auch hier als Nachteil. Nicht weniger problematisch gestaltete sich die Befeuerung großer Heizkraftwerke, auch bezüglich des relativ geringen Heizwertes der Braunkohle im Vergleich zu anderen Energieträgern. Nur langsam aber zunehmend präsent war der Zusammenhang zur Umweltbelastung und natürlich der Wettbewerb mit neuen Anbietern im Bereich der Elektroenergieproduktion. Für den Tagebau Delitzsch-Südwest sprach die Wirtschaftlichkeit bezüglich der Fördertechnologie und so war dann später auch die Entwicklung, er wurde als letzter Tagebau im Nordraum von Leipzig des Mitteldeutschen Revier stillgelegt. Aber wie sich die Dinge im „Großen“ weiterentwickeln würden, darüber wurde nicht gerade permanent nachgedacht. Viel beschäftigt war man mit den Dingen im privaten Bereich, mit den Möglichkeiten mit der neuen Währung ab 01.07.1990. Das Ausscheiden von Arbeitskräften war zu verkraften. Es waren doch recht wenige, die die Abteilung verlassen haben, es war ein entspanntes Arbeiten. Viel politischer Mist fiel weg, eine wahnsinnig interessante Zeit.

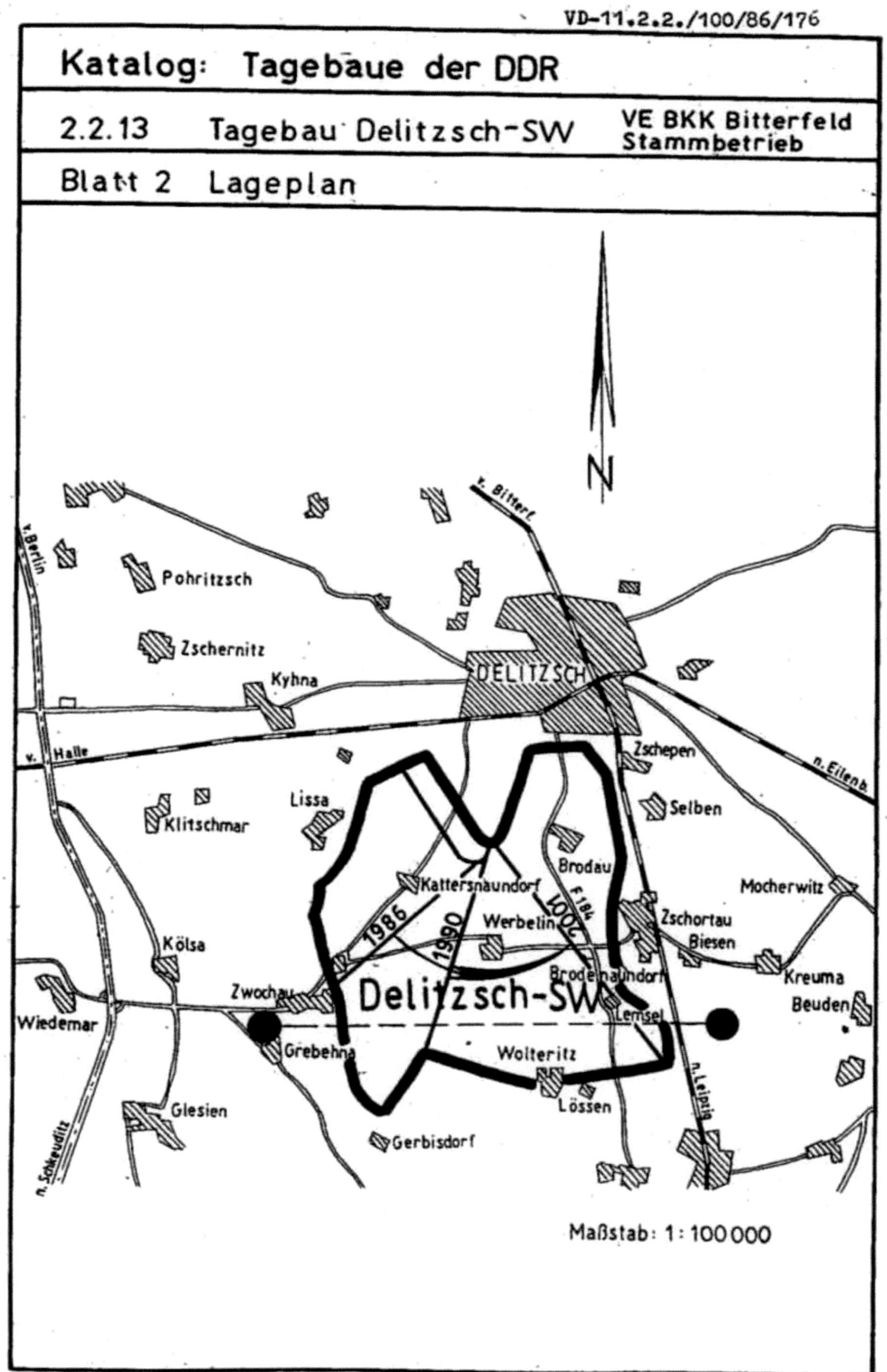
VD-11.2.2./100/86/176
Katalog: Tagebaue der DDR
2.2.13 Tagebau Delitzsch-SW
VE BKK Bitterfeld Stammbetrieb
Blatt 2 Lageplan
N
v. Bitterf.
v. Berlin
Pohritzsch
Zschernitz
Kyhna
DELITZSCH
v. Halle
Zschepen
n. Eilenb.
Selben
Lissa
Klitschmar
Brodau
Kattersnaundorf
F 184
Mocherwitz
1986
1990
2000
Werbelin
Zschortau
Biesen
Kölsa
Brodenaundorf
Kreuma
Zwochau
Delitzsch-SW
Beuden
Wiedemar
Lemsel
Grebehna
Wolteritz
n. Leipzig
Lössen
Glesien
Gerbisdorf
n. Schkeuditz
Maßstab: 1:100000

1991

Urlaubsrückkehr mit Überraschung

Im August 1991 verbrachte meine Familie gemeinsam mit einer Anfang 1990 kennengelernten Familie aus Hennef NRW einen Urlaub an der Nordsee in Holland. Was bleibt von diesem Urlaub in Erinnerung? Da war der Putsch am 19. August 1991 in Moskau, der die politische Karriere Michail Gorbatschows beendete. Der Schöpfer von Glasnost und Perestroika musste zurücktreten. Gleichzeitig besiegelte der Putsch das Ende der Sowjetunion. Davon erfuhr ich im Radio am flachen Strand der Nordsee. Da war erstmals der Kontakt mit Ferienhäusern im westlichen Ausland mit einigen „Besonderheiten", Minibetten für Kinder, Treppen ohne Geländer, verschiedene Vorstellungen von Urlaub und Freizeitgestaltung der befreundeten Familie. Die Summe führte dann dazu, dass wir vorzeitig vom Urlaubsort nach Hause aufgebrochen sind. Mit mulmigem Gefühl, die Wasserpumpe meines Opel Rekord war undicht. Zwar wurde mir bescheinigt, es handele sich um eine übliche Kinderkrankheit an Opelmotoren, das nützt aber wenig, wenn einem die Wichtigkeit einer Wasserpumpe, insbesondere bei hochsommerlichen Temperaturen bewusst ist. Aber mit entsprechend aufmerksamer Fahrweise (Aufmerksamkeit auf die Anzeige der Kühlmitteltemperatur des Motors) konnten wir die ca. 800 Kilometer ohne große Probleme bewältigen. Das Prinzip der Schwerkraftkühlung hat funktioniert, das heiße Wasser steigt nach oben durch den Schlauch in den Kühler, wo es abkühlt, niedersinkt und durch den unteren Schlauch wieder in den Motor gelangt. Theoretisch war mir das vorher bereits klar, dass es so problemlos funktionierte war um so schöner, aber vielleicht war die Wasserpumpe ja auch nur undicht und hat trotzdem noch funktioniert.

Der Montag, 26.08.1991 sollte dann wieder mein erster Arbeitstag sein. Die schon vor dem Urlaub mit dem Kollegen Jörg Münzer vereinbarte Mitfahrt zur Arbeitsstelle 05:00 Uhr klappte wie immer. Der Kollege eröffnete mir dann, er solle mir ausrichten, dass ich um 06:00 Uhr beim Tagebauleiter Herrn Schlag zu erscheinen habe. Er solle es mir zwar nicht sagen, es ginge wohl aber darum, dass es am nächsten Tag eine Versammlung geben werde in dem Speisesaal der Großküche wo alle diejenigen geladen sind, die vorgesehen sind in die Sanierungsgesellschaft zu gehen oder aber den Betrieb zu verlassen. Genau diese Information gab mir dann der Tagebauleiter, sachlich ohne Schnörkel wie es seine Art war und wie ich es an sich auch gern habe. War natürlich schon ein mulmiges Gefühl, aber nicht zu ändern. Die Veranstaltung am nächsten Tag dann war gut durchorganisiert, eine kurze Ansprache und dann zum Tisch mit den Änderungsverträgen oder zu dem Tisch mit den Kündigungen. Ja und da entschied ich mich wie vermutlich die allermeisten Kollegen an diesem Tag, einen Aufhebungsvertrag zu unterschreiben und in die Sanierungsgesellschaft zu gehen. Es handelte sich letztlich um eine Arbeitsbeschaffungsmaßnahme nach dem SGB II und SGB I der Bundesrepublik. So endete nach 17 Jahren Betriebszugehörigkeit abrupt die Tätigkeit im aktiven Braunkohlenbergbau im BKK Bitterfeld und nach 15 Jahren und 6 Monaten auch die im Tagebau Delitzsch-Südwest. Verbunden mit dem Aufhebungsvertrag und einem neuen Vertrag in der Mitteldeutschen Braunkohlensanierungsgesellschaft war die Übernahme der Funktion als Leiter der Abteilung H & N im Tagbebau Breitenfeld.

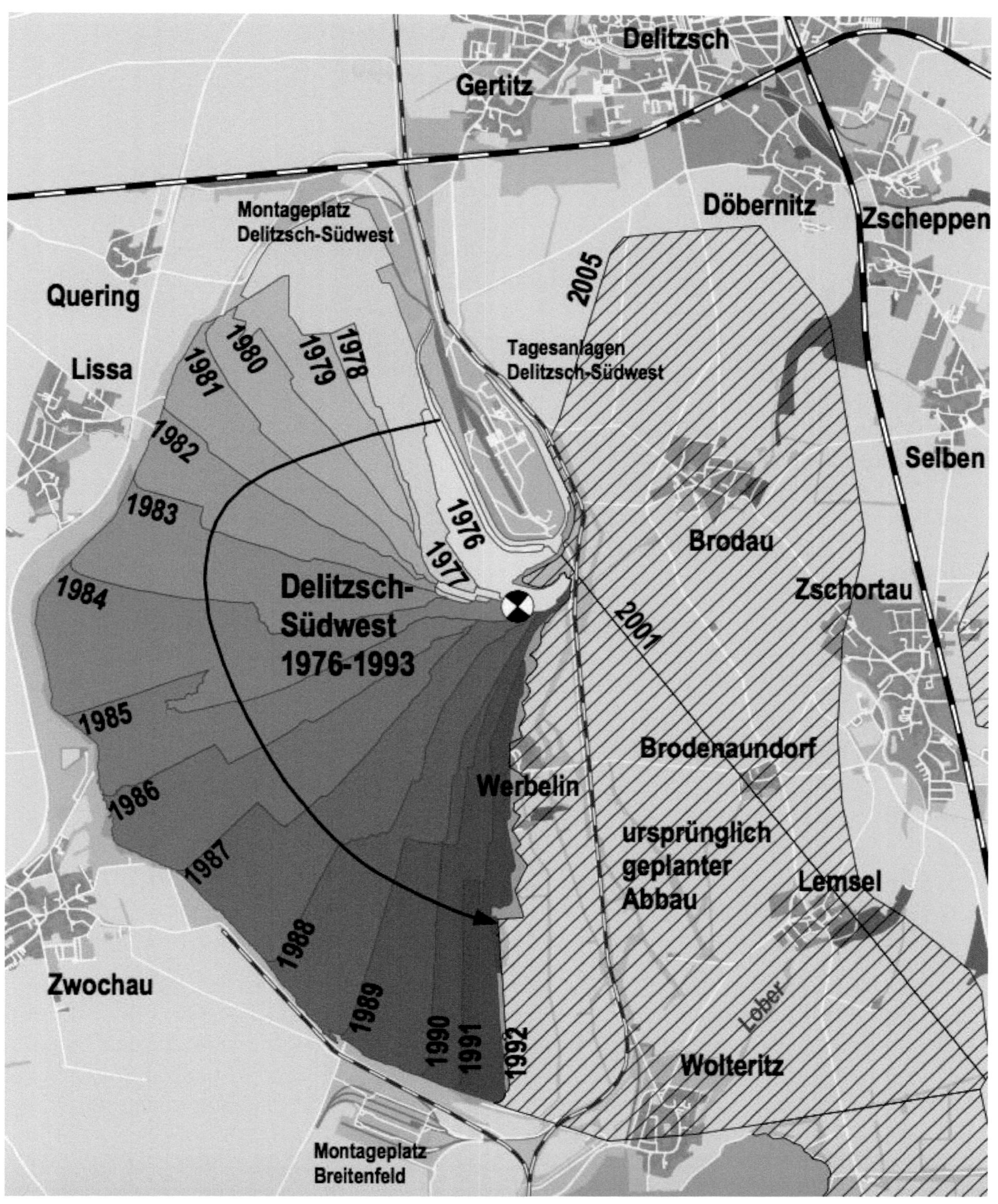

Karte Abbaufortschritt Ende 1991

Abbaufortschritt Tagebau Delitzsch-Südwest zum Zeitpunkt meiner Abkehr. Grob die Hälfte des ursprünglich vorgesehenen Verlaufes war erreicht, 1993 kam das endgültige Ende.

TEIL IV: MBS Breitenfeld

1991

02.09.1991 Montag

Die Arbeitszeit in der Sanierungsgesellschaft MBS begann 07:00 Uhr. Anreise im zukünftigen Büro, Begrüßung der ja bereits bekannten zukünftigen Kollegen Dietmar Andreas und Benno Albrecht und dann zu 09:00 Uhr in einem Mehrzweckgebäude (Versammlungsraum) Begrüßung durch den Leiter der Sanierungsmaßnahme Herrn Klaus Weber. Durch ihn wurden Aufgaben und zeitliche Zielstellungen erläutert, es erfolgte ein intensiver Dialog. Es waren längst noch nicht alle Mitarbeiter anwesend, der überwiegende Teil war ja vor Beginn dieser Maßnahme und einer zwischenzeitlichen Kurzarbeit Null bereits im Tagebau Breitenfeld beschäftigt. Erinnern kann ich mich an zwei „Diskussionen“. Zum einen war ein Mitarbeiter dabei, der vermutlich ohne eigenes Zutun ohne Haarwuchs war und ständig seine Kopfbedeckung trug. Dieser wurde von Klaus Weber aufgefordert diese doch abzusetzen, was der Kollege jedoch nicht tat. Und dann war da noch eine der vielen Fragen aus dem Publikum, worauf Klaus Weber seinen Blick stark nach unten richtete, nicht nur auf den Tisch, sondern in Richtung seines Schoßes und antwortete „bei mir steht nichts“. Gelächter.

Aber eigentlich müssen meine Erinnerungen an den Tagebau Breitenfeld viel früher beginnend dargestellt werden und könnten auch einen Titel tragen ähnlich der Formulierung „aller guten Dinge sind drei“, der Rechtfertigung dafür, dass etwas zum dritten Mal geschieht/versucht wird.

Die Aufschlußbaggerung in Breitenfeld hatte bereits 1982 am 1. September begonnen, übrigens auch, wie in Delitzsch-Südwest, mit dem Bagger E 1200 549. Es waren bereits einige Hilfsgeräte und Fahrzeuge im Einsatz. Der Meisterbereich Breitenfeld mit Thomas Eifler als Meister war unserer Abteilung in Delitzsch unterstellt und permanent wachsend. In dieser Phase hatte ich auch durch Thomas Eifler empfohlen mehrfach Kontakt zum Tagebauleiter Lothar Hinrichs. Gesprächsinhalt war zur Verstärkung des Bereiches Hilfsgeräte eine Umsetzung zum Tagebau Breitenfeld zu beantragen.

An einem Samstagvormittag, ich war gerade mit einer Lieblingsbeschäftigung – zu dieser Zeit Pilze suchen – beschäftigt auf einer kleinen Wiese zwischen der Abfahrt von der F 184 nach Rödgen bzw. Benndorf, da hielt Lothar Hinrichs mit seinem Auto an und wir besprachen, dass es Zeit wäre, mich schriftlich beim Direktor für Produktion um eine Umsetzung zum Tagebau Breitenfeld zu bemühen. Das tat ich dann auch mit meinem Schreiben vom 26. Oktober 1984.

Bernd Pache

7270 Delitzsch, 26. Oktober 1984
Otto von Guericke Straße 6

Dir. f. Produktion
Stammbetrieb
Gen. V o i g t

B e w e r b u n g
um eine Planstelle im Tagebau Breitenfeld

Hiermit bewerbe ich mich für die Planstelle als Abschnittsleiter Hilfsgeräte im Tagebau Breitenfeld.

Ich bin seit 1974 im Kombinat und seit 1976 in der Hilfsgeräteabteilung ETT im Tagebau Delitzsch-Südwest tätig.

Ich bin im Besitz des Fachschulabschlusses als Ingenieur für Bergbautechnik/Tagebautechnologie.

G l ü c k a u f !

Bernd Pache

Verteiler

1x Tgb.-Leiter Brfd.
1x Ltr. Abt. ETT/DSW

Bitte sorgfältig aufbewahren! – Der Absender wird gebeten, den umrandeten Teil selbst auszufüllen!

Einlieferungsschein

Gegenstand (z. B. E-Bf)	1 Ebd (Abkürzungen umseitig)		
angegebener Wert oder eingezahlter Betrag	M / Pf (in Ziffern) —	Nachnahme	M / Pf (in Ziffern) —
Empfänger	VE BKK Bitterfeld Dir. f. Produktion Stam.		
Bestimmungsort	4400 Bitterfeld		

Postvermerke — Einlieferungs-Nr. 369

DELITZSCH 31.10.84

Postannahme

8 221 11 VV Spremberg Ag 310/82/1374 1/21/3

Eine Antwort auf meine „Bewerbung“ bekam ich zunächst nicht, daher bat ich am 10.01.1985 beim Direktor für Kader und Bildung um Klärung.

Bernd Pache

7270 Delitzsch, 10. Jan. 1985
Otto von Guericke Straße 6

VE BKK Bitterfeld
Direktor für
Kader und Bildung
Gen. Becker

4400 Bitterfeld
Holzweißiger Str. 12

Beantwortung meiner Bewerbung um eine Planstelle im Tagebau Breitenfeld

Am 26. Oktober 1984 bewarb ich mich beim Direktor für Produktion – Stammbetrieb um die Planstelle als Abschnittsleiter Hilfsgeräte im Tagebau Breitenfeld.

Da ich bis zum heutigen Tag noch keine Antwort erhalten habe, bitte ich darum, eine Klärung für den von

Sachverhalt herbeizuführen.

G l ü

Anlage
Bewerbung vom 26.10.1984

Bernd

Bitte sorgfältig aufbewahren! – Der Absender wird gebeten, den umrandeten Teil selbst auszufüllen!

Einlieferungsschein

Gegenstand (z. B. E-Bf)	1 Brief (Abkürzungen unzulässig)
angegebener Wert oder eingezahlter Betrag	M Pf (in Ziffern) — Nachnahme — M Pf (in Ziffern)
Empfänger	VE BKK Bitterfeld Dir. f. Kader und Bil.
Bestimmungsort	4400 Bitterfeld

Postvermerke

Einlieferungs-Nr. 2326

DELITZSCH 1 7270 10.01.85-18

Postannahme

221 11 VV Spremberg Ag 310/82/1374 I/21/3

Die Antwort war negativ. Ich fasste jedoch sofort erneut nach.

VE BRAUNKOHLENKOMBINAT BITTERFELD
Stammbetrieb
Betrieb der sozialistischen Arbeit
Übergeordnetes Organ: Ministerium für Kohle und Energie

VE Braunkohlenkombinat Bitterfeld · Sitz 4400 Bitterfeld · Postfach 61

Kollege
Bernd Pache

7270 Delitzsch
O.-v.Guericke-Str. 6

Ihr Zeichen	Ihre Nachricht vom	Hausapp.	Unser Zeichen	Datum
		3646	mie-fr	17.01.85

Betreff:

Werter Koll. Pache!

In Beantwortung Ihrer Bewerbung vom 10.1.85 möchte ich Ihnen nach Rücksprache mit dem Direktor für Produktion/Stammbetrieb folgendes mitteilen:

Die bisherige Nichtbeantwortung Ihrer Bewerbung durch den Produktionsdirektor erfolgte auf Grund, daß der Abschnitt Hilfsgeräte im Tgb. Breitenfeld bisher noch nicht realisiert wurde.
Nach erfolgter Bildung der Struktureinheit Hilfsgeräte Tgb. Breitenfeld setzen wir uns mit Ihnen in Verbindung.

Glück auf!

Höhse

Obering. Höhse
Ltr. Abteilung Kader

Fernruf: Bitterfeld 6 40
Fernschreiber: bkkbi 476331
BN 91 95 85 09
Bank: Staatsbank Bitterfeld
Konto-Nr. 3721-14-943
Postscheckkonto: PSA Magdeburg 171 08

IV/2/14 28/84 15 000

Bernd Pache

7270 Delitzsch, 15.02.85
Otto v. Guericke Str. 6

VE BKK Bitterfeld
Dir. f. Kader und Bildung
Gen. Becker
z.Hd. Gen. Höhse

4400 Bitterfeld
Postfach 61

Beantwortung meiner Bewerbung um eine Planstelle im Tgb. Breitenfeld

In Bezug auf Ihr Schreiben vom 17.01.1985 bitte ich eine Klärung herbeizuführen, da der Bereich Hilfsgeräte Tgb. Breitenfeld bereits seit 01.01.1985 als selbstständige Struktureinheit realisiert wurde.

Glück auf!

Bernd Pache

Bitte sorgfältig aufbewahren! – Der Absender wird gebeten, den umrandeten Teil selbst auszufüllen!

Einlieferungsschein

Gegenstand (z. B. E-Bf)	(Abkürzungen umseitig)		
angegebener Wert oder eingezahlter Betrag	M | Pf (in Ziffern)	Nachnahme	M | Pf (in Ziffern)
Empfänger	VE BKK Bitterfeld Dir. f. Kader u. Bild.		
Bestimmungsort	4400 Bitterfeld		

Postvermerke

Einlieferungs-Nr. 047

Tagesstempel: Delitzsch 2 7270 15.02.85

Postannahme

8 221 11 VV Spremberg Ag 310/82/1374 I/21/3

Weiteren Schriftverkehr aus dieser Zeit habe ich nicht, jedoch war es dann im Herbst 1986 soweit, dass meiner Umsetzung nach Breitenfeld zugestimmt wurde. So ganz genau kann ich heute gar nicht mehr die Gründe darlegen, vermutlich hängt es mit meiner (angeborenen) äußerst geringen Bereitschaft zu Veränderungen zusammen, dass ich mich dort in Breitenfeld äußerst unwohl fühlte und beschloss wieder zurück nach Delitzsch-Südwest zu „gehen". Ich informierte meinen neuen Chef Lothar Hinrichs, der war zwar reichlich überrascht, aber doch sachlich und nahm meine Entscheidung hin. Ich bestellte mir einen MTW W 50 und ließ mich nach Delitzsch-Südwest fahren. Man wunderte sich bei der Abfahrt, wieso ich meine kompletten Arbeitsschutzsachen mitnahm, aber ich war dann mal weg. In Delitzsch-Südwest erläuterte ich Günter Kirsten, meinem Abteilungsleiter, die Situation, er war scheinbar erfreut, dass ich wieder da war und nahm mich umgehend zu einer Vor-Ort-Beratung zum Umbau des stationären Bahnhofbereiches für den Vorschnittbagger 1401 mit und somit aus der Schusslinie. Schriftlich (Änderungsvertrag) war ja noch nichts fixiert.

Das war (aber nur) der erste Versuch Breitenfeld. Hat mich selbst sehr geärgert und bald schon fühlte ich mich stark dann doch diesen Schritt zu tun. Und bewarb mich erneut.

Diesmal ging alles sehr schnell. Umgehend, für damalige Verhältnisse nahezu blitzartig, bekam ich eine positive Antwort und sollte zum 1. des Folgemonats meine Tätigkeit in Breitenfeld aufnehmen. Doch nun plötzlich kam der Wind aus einer völlig unerwarteten Richtung. Ich hatte mich schon gewundert, weshalb der neue Tagebauleiter Frank Straube, den ich schon sehr lange aus Delitzsch-Südwest kannte so reserviert war, ich fühlte förmlich, dass ihn etwas bedrückte. Nach einer Beratung in seinem Dienstzimmer blieb ich sitzen und sprach ihn diesbezüglich an. Er druckste herum und gab mir zu verstehen, dass man mich dort nicht möchte, konkret die Partei hätte etwas gegen die Besetzung der Planstelle durch mich. Er könne da nicht viel machen. Eventuell (oder sicher) wegen meiner Einschätzung, dass Widerspruch sinnlos wäre oder meiner geringen Kampfbereitschaft, ich hatte ja schließlich die schriftliche Zusage der staatlichen Leitung, des Direktors für Produktion, verständigte ich mich mit Frank Straube auf eine Sprachregelung, die ordentlich aus dieser Situation herausführte. Leider schob ich persönliche Gründe vor obwohl ich diesmal alles richtiggemacht hatte. Ich ging zurück nach Delitzsch-Südwest, mein seit Mitte 1987 neuer Abteilungsleiter Benno Pelz empfing mich mit offenen Armen, alles war (wieder) gut.

Anfang (Mitte?) 1989 wurde die Position Abteilungsleiter HuN Breitenfeld dann durch einen externen Mitarbeiter, ursprünglich vom MAB Schkeuditz kommend besetzt. Über irgendwelche politischen Hintergründe kann ich nur spekulieren, gesicherte Erkenntnisse dazu habe ich nie bekommen.

Bernd Pache
Otto v. Guericke Str.6
Delitzsch
7 2 7 o

Delitzsch, ol. 11. 1988

Direktor für Produktion
Stammbetrieb
Gen. V o i g t

Antrag auf Umsetzung

Ich bitte hiermit um Umsetzung zum Tagebau Breitenfeld
aus persönlichen Gründen.

Glück auf!

Bernd Pache

Verteiler

1 x Tagebauleiter DSW,Gen. Schlag
1 x Abt.-Leiter H.u.N.,Gen. Pelz

VE BKK Bitterfeld
Direktor für Produktion
Stammbetrieb

Bitterfeld, 3. 11. 1988

Kollegen
Bernd Pache
Abt. H. u. N.

Tagebau Delitzsch

Werter Kollege Pache!

Am 1. 11. 1988 richteten Sie an mich die Bitte, einer Umsetzung zum Tagebau Breitenfeld zuzustimmen.

Ihrem Wunsche entspreche ich unter der Bedingung, daß Sie die Funktion als Abteilungsleiter H. u. N. im Tagebau Breitenfeld am 1. 12. 1988 übernehmen.

Einen Durchschlag meines an Sie gerichteten Antwortschreibens erhalt Ihr Tagebauleiter, Gen. Schlag, welcher die Umsetzung nach vorheriger Abstimmung mit dem Tagebauleiter Breitenfeld, Gen. Straube, zu vollziehen hat.

Voigt
Direktor f. Produktion
Stammbetrieb

Nun also Breitenfeld zum III.

MBS 1992
BA
001515 * Brtfd.
224
MBS
Pache
Familienname
Bernd
Vorname
23.02.58
Geb. Dat.
Leiter H + N
Tätigkeit
Unterschrift d. Arbeitnehmers
Personalwesen

Die Ausgangssituation: Der Tagebau Breitenfeld schließt sich unmittelbar im Süden an den Tagebau Delitzsch-Südwest an und sollte sich bis an die Großstadt Leipzig und an die Ortslagen Radefeld und Freiroda heran entwickeln. Geplant war der Abbau des Bitterfelder Oberflözes und das südlich der Autobahn A 14 ausgebildete Flöz Gröbers. Insgesamt erstreckt sich das Tagebaufeld auf einer Fläche von 28 km^2 mit einem geologischen Lagerstättenvorrat von 532 Millionen Tonnen Rohbraunkohle. Die Fördergröße war bis auf 15 Millionen Tonnen pro Jahr konzipiert. Der Tagebau Breitenfeld war vor allem für die Versorgung von Großabnehmern wie der Chemiekombinate Buna und Leuna mit Kesselkohle und der Veredlungsanlagen im Bitterfelder Raum mit Brikettierkohle vorgesehen. Die Aufschlussarbeiten begannen Ende der siebziger Jahre mit der Einrichtung des Zentralen Montageplatzes und dem Aufbau der Tagesanlagen nördlich der Ortslage Hayna. Es folgten 1981 die Entwässerungsmaßnahmen und 1982 die Aufschlußbaggerung im Abraumzugbetrieb über den Hilfsdrehpunkt Wolteritz. Die unmittelbare Nähe des Tagebaues Breitenfeld zur Stadt Leipzig erforderte die Einrichtung der Grundwasserinfiltrationsanlage Leipzig-Nord, um die Auswirkungen der großflächigen Grundwasserabsenkungen auf das Stadtgebiet weitgehend zu vermindern. Ende 1988 erfolgte im Abraumbetrieb die Umrüstung von Zug auf Bandförderung und die damit verbundene endgültige Verlegung des Drehbereiches an das südliche Standböschungssystem. Noch während der Aufschluss-Phase konnte Ende 1986 mit der Braunkohleförderung im Bandbetrieb begonnen werden. Bis zur Außerbetriebnahme im Juli 1991 entwickelte sich der Tagebau in Richtung Osten und kam schwenkseitig ca. 200 Meter vor der alten Bundesstraße B 184 zum Stillstand. Im Zuge der Tagebauentwicklung ist die östlich der Gemeinde Wolteritz gelegene Ortslage Lössen überbaggert und zur Vorfeldfreimachung die Ortslagen Schladitz/ Kömmlitz devastiert worden. Das verbliebene Restloch ergibt eine Fläche von 210 ha. Die gewinnungsseitigen Strossen erreichen in ihrer Endstellung maximale Strossenlängen von 2,2 km, während die Innenkippe südlich Wolteritz mit 1,4 km Strossenlänge betrieben wurde. Bisher erfolgte eine Flächeninanspruchnahme von 360 ha.

Quelle LMBV mbH

Gründe der Tagebaustillegung: Mit dem allgemeinen Bedarfsrückgang an Rohbraunkohle ab dem Jahre 1990 durch den Übergang in die Wirtschaft-, Währungs- und Sozialunion deutete sich das Ende der unwirtschaftlichen Tagebaue schon an. Im mitteldeutschen Wirtschaftsraum reduzierte sich der Rohkohlebedarf erheblich und schlussfolgernd wurde der Tagebau Breitenfeld, der erst 3% der Lagerstätte abgebaut, aber schon 60 % der Gesamtinvestition realisiert hatte, relativ abrupt im Abraumbetrieb in 2/1991 und im Grubenbetrieb in7/1991 gestoppt.

Anlass der ABM: Der sofortige Abbruch des aktiven Tagebaubetriebes hatte zur Folge, dass zur Gewährleistung der öffentlichen Sicherheit alle bergbaulichen Anlagen und Einrichtungen im Tagebaubereich zurückzubauen sind. (19)

So war die Situation im September 1991. Als Anzahl der Mitarbeiter in meiner Abteilung habe ich zu Beginn der Maßnahme 56 in Erinnerung, wobei da die Mitarbeiter des Heizhauses dazu zählten. Die Zahl der Mitarbeiter unterlag großen Schwankungen, im Durchschnitt nahm sie permanent ab. Das deshalb, weil die Kündigungsfrist in dieser Arbeitsbeschaffungsmaßnahme einen (1) Tag betrug, wir hatten eine Mitarbeiterin der Personalabteilung vor Ort, wer eine neue Arbeit gefunden hatte, konnte diese bereits am nächsten Tag beginnen. Aber es war tatsächlich auch so, wie eines Tages mit einem Planierraupenfahrer erlebt. Es stand ein untersetzter Mann mittleren Alters, Zigarre rauchend in meiner Bürotür und sprach zu mir. Zunächst konnte ich die Sprache nicht deuten, es stellte sich dann heraus, der Mann war aus Bayern. Er sprach immer davon: „den nehme ich mit". Aufgeklärt hat sich die Situation, als sich ein Planierraupenfahrer sehen ließ, er stand zunächst seitlich hinter ihm. Der Mann hatte den Fahrer bei seiner Arbeit beobachtet und für gut befunden. Kündigung und Abkehr waren in 15 Minuten erledigt.

Bei den Arbeitsanforderungen fehlten viele Erschwernisse, die im Tagebaubetrieb in Delitzsch-Südwest noch eine Rolle spielten. Als wichtigstes wohl der Leistungsdruck, der Schichtbetrieb und insbesondere der Charakter der Arbeit, es handelte sich um eine Arbeitsbeschaffungsmaßnahme. Somit wurden ruhig und sachlich die Fahrzeuge und Geräte im Rapportsystem vergeben, mit viel Disziplin wurden die Arbeiten nacheinander eingeordnet. Technik, die in unserem Bestand nicht vorhanden war, wurde zu gemietet, hier in erster Linie Krane, sonstige Hebetechnik, Spezialmaschinen und Maschinen bzw. Anbautechnik mit landwirtschaftlichem Charakter. Außerdem wurden wir komplett mit neuer Technik ausgestattet, Planierraupen vom Typ KOMATSU, Mobilbagger von Caterpillar, LKW Mercedes. Das verringerte die Ausfallquote enorm, wobei die neue Technik auch nicht immer zuverlässig funktionierte. Gut erinnern kann ich mich an reichlich Ärger mit Mercedes LKW. Ein Bereich, dem ein Meister aus dem Bereich Abbruch und Beräumung der Hauptabteilung ETT vorstand, nahm zunächst die am Tagebaurand abgelegten Massen der Devastierung der Ortslage Lössen erneut auf und verbrachte sie sortiert nach den neu geltenden gesetzlichen Vorschriften mit reichlich Papierkrieg zur Mülldeponie Spröda. Zum Feierabend war immer ein großer Stapel Entsorgungsnachweise und Begleitscheine vom Meister des Bereiches entgegenzunehmen und an den Leiter der Maßnahme weiterzuleiten. Ebenso zur Aufgabe für diesen Meisterbereich zählte die Beseitigung der Vermüllung der Ortslage Schladitz, die Gebäude waren abgerissen, in der scheinbar gesetzlosen Zeit hatte die halbe Welt das Bedürfnis seinen Müll dort abzulagern, selbst PKW in größeren Mengen. Das letzte Haus eines Bewohners von Schladitz der sich nicht hatte vertreiben lassen, wurde an eine provisorische Trinkwasserleitung zur Versorgung des Bewohners angeschlossen. Etwa 1994, als er dann aber wohl verstorben war, wurde das Haus abgerissen und abtransportiert.

Unendlich lang könnte die Aufzählung der Einzelmaßnahmen sein, die es zu bewältigen gab, immerhin wurde ein kompletter leistungsfähiger Betrieb, der in fast 10 Jahren aufgebaut und zur vollen Leistungsfähigkeit ertüchtigt wurde von einer Minute auf die nächste gestoppt und alle technischen Einrichtungen sollten nun zurückgebaut, alle bergbaulich beanspruchten Flächen in einen sicheren Zustand versetzt werden. Das bedeutete die Demontage aller Tagebaugroßgeräte, Bandanlagen, Gleisanlagen, Anlagen zur Entwässerung, Zuleitungen und Anlagen für die Elektroenergieversorgung und nicht zuletzt der Abbruch der Gebäude.

1992

Bombenalarm

An einem Morgen im Herbst 1992 gab es etwas Aufregung. Die Meldung lautete, auf der Baustelle, auf die die Aushubmassen vom Baustellengelände des Messeneubaus Leipzig verkippt wurden, wurde eine Bombe gefunden, mit einer Planierraupe wurde wohl auch schon darauf gedreht. Es stellte sich tatsächlich heraus, dass es sich um eine Bombe handelte, es gab immerhin weitere Möglichkeiten, zum Beispiel ein Rohr der Tagebauentwässerung. Entsprechend der Meldeordnung wurden die staatlichen Organe informiert, der Kampfmittelbeseitigungsdienst übernahm die Bergung, Entschärfung und den Abtransport. Eine interessante Begebenheit, immerhin wurden viele tausend LKW Ladungen von der Großbaustelle Leipziger Messe zum Tagebau transportiert. Da die Aushubmassen flach breitgeschoben wurden und dieser Bereich später mit Landmaschinen bearbeitet wurde, wird es wohl das einzige Mal gewesen sein, dass eine Bombe den Weg zum Tagebau gefunden hat. Gefährlich war es sicher trotzdem.

23.09.1992

Wie bereits angedeutet war die Tätigkeit von wenigen Höhepunkten und Aufregern gekennzeichnet. Es galt, die Maßnahmen zu Rückbau, Sanierung und Rekultivierung einzuordnen und durchzuführen. Auftretende Problem wurden erkannt und ruhig und sachlich einer Lösung zugeführt. So verlief auch dieser Tag, innerlich bereits auf die Geburtstagsfeier eines Sportfreundes meiner Volleyballmannschaft am Abend eingestellt, wollte ich mich gerade zum Mittagsrapport aufmachen, als ich einen Anruf von der Sekretärin des Leiters der Maßnahme bekam, wonach man einen Anruf vom Kreiskrankenhaus Delitzsch bekommen hatte, dass mein Bruder dort eingeliefert wurde. Ich vereinbarte mit ihr, dass sie es weiter versuchen sollte, meine Schwägerin, die auch seit einigen Monaten in der Maßnahme eine Arbeit gefunden hatte, zu informieren. Zeitgleich bekam ich den Anruf mit der Info zu einem Arbeitsunfall im Meisterbereich Bagger/Planierraupen. Ich bekam vom Meister Fischer die Info, dass beim Abschmieren ein Druckschlauch aufgeplatzt war und dem Kollegen Fett in die Hand gedrückt wurde. So etwas hatte ich zuvor noch nie gehört, man erklärte mir, dass medizinische Hilfe auf dem Weg sei und ich im Moment vor Ort auch nichts weiter tun könne. Zunächst rein intuitiv hatte ich es mir schon in Delitzsch-Südwest zur Regel gemacht, bei Vorkommnissen, Unfällen oder Havarien immer selbst vor Ort zu sein, um mir ein umfassendes eigenes Bild von der Situation zu machen. Bestärkt von der Richtigkeit dieser Herangehensweise wurde ich bei einem Vorkommnis, bei dem einem Kollegen der Kopf gewaschen wurde, da er der Meinung war, alles am Telefon zu regeln. Nun war ich im Zwiespalt, jedoch auch sehr in Sorge um meinen Bruder. Auf dem Weg zum Rapport begegnete ich meiner Schwägerin, man hatte sie inzwischen erreicht und ich vereinbarte mit ihr, dass sie zunächst zum Krankenhaus fahren sollte, sie war mit dem Auto da und ich ihr dann folgen würde. Im Mittagsrapport vergewisserte sich der Leiter der Maßnahme noch einmal telefonisch über Einzelheiten des Unfalles und gab mir dann grünes Licht die Veranstaltung zu verlassen. Ich verließ umgehend den Arbeitsort und fuhr zum Kreiskrankenhaus Delitzsch. Ich fragte nach meinem Bruder, man verweigerte mir jegliche Auskunft und verwies mich an die Ehefrau. Da war mir alles klar. Ich fuhr umgehend zur Wohnung meines Bruders, er bewohnte als Hausmeister eine Wohnung in der Karl-Liebknecht-Oberschule in Delitzsch Nord. Tränenüberströmt öffnete meine Schwägerin und bestätigte mir ungefragt meine Befürchtung. Mein Bruder war auf dem Schulhof zusammengebrochen und trotz Wiederbelegungsversuchen vor Ort und im Krankenwagen verstorben. Er wurde 47 Jahre alt. Ich vereinbarte mit meiner Schwägerin, ihre Tochter Bettina zu informieren und tat dies und informierte auch meinen Vater. Es gab dann am Abend keinen Grund mehr für mich zu feiern.

Herr Thomasius

Herr Thomasius war ein Mitarbeiter der Zeppelin Metallwerke GmbH, zuständig dort für den Vertrieb von Maschinen, Maschinenkomponenten und Ersatz- bzw. Verschleißteilen im Außendienst. Er gab sich große Mühe, zeigte eine an sich für uns sehr sinnvolle Technik auf einem transportablen Videogerät, nämlich eine Schere am Bagger für das Schneiden von Metall, wie es bei unseren Demontagearbeiten ideal anwendbar gewesen wäre. Das war aber nicht im Sinne des Erfinders der Arbeitsbeschaffungsmaßnahme, es sollten ja doch möglichst viele Kollegen möglichst lange Arbeit haben und nicht in der Arbeitslosenstatistik auftauchen. So kam er da nicht weiter. Ebenfalls nicht weiter kamen wir mit der Lieferung einer speziellen Gabel mit Niederhalter, wie wir sie an einem UNC 200, der sonst mit Schaufel 1,8 m^3 ausgerüstet war im Einsatz hatten. Mit diesem Lader konnten komplette Gleisjoche aufgenommen und transportiert bzw. verladen werden. Heute weiß ich es besser, ich konnte mir damals nicht vorstellen, wie groß der Aufwand ist, ein solches Anbaugerät für eine Maschine zu konstruieren und zu fertigen. Knackpunkt ist der Preis. Für Zeppelin war es einfacher, Maschinen und Ausrüstung von der Stange zu verkaufen. Aber die Begegnungen hatten dann doch etwas Gutes. Ich berichtete ihm, dass ich bereits 1990 Anlauf genommen hatte über den Bürgermeister unserer Partnerstadt Friedrichshafen, der Bürgermeister war, zugleich Aufsichtsratsvorsitzender der Zeppelin Stiftung, für Zeppelin ein Partner zu werden. Im Grunde könnte ich auch hier wieder schreiben, im dritten Anlauf. Nachdem ich mich direkt beim Oberbürgermeister Herrn Dr. Bernd Wiedemann beworben hatte und er mir die Zusammenhänge Zeppelin Metallwerke und Zeppelin Stiftung erläutert hatte, bewarb ich mich über Fischer & Partner, einem Personalberatungsunternehmen, erneut. Es stellte sich jedoch heraus, dass ich Anfang 1990 zu früh war. Die politische Entwicklung war noch nicht vorhersehbar. Verständlich, dass Unternehmen nur mit entsprechender Planungssicherheit die Aktivitäten auf dem Gebiet der DDR vorantrieben. Dann nahm ich auf Grund der Begegnung mit Herrn Thomasius Ende 1992 die Bemühungen wieder auf. Herr Thomasius informierte mich, dass man aktuell Mitarbeiter suche, ich nahm den Faden auf, bewarb mich und wurde bei der Firma Zeppelin eingestellt. Falk Thomasius und ich, wir blieben Freunde.

Epilog/Fazit

Was ist nun das Fazit für mich? 2005 bereits als Buch Idee begonnen und nach 15 Jahren fortgeführt, möchte ich dieses Projekt beenden. Bemerkenswert für mich der Aufwand, der erforderlich ist, die Zeilen zu Papier zu bringen um letztlich ein druckfähiges Produkt vorliegen zu haben. Aber ebenso bemerkenswert, wie viele Einzelheiten noch hervorkommen und es wurden immer mehr, auch jetzt noch könnte ich ergänzen. Aber man sollte auch irgendwann zum Schluss kommen.

Wie geht es weiter? Zunächst hoffe ich, dass dieses Buch beim Leser „ankommt", sei es für ehemalige Kollegen Erinnerungen weckend, bei Delitzschern etwas zur kurzen Geschichte der Braunkohlenförderung im Landkreis aussagend oder für Fremde einen kleinen Einblick in die Gefühlswelt im Zusammenhang mit einer beruflichen Tätigkeit. Und wenn die Resonanz auch nicht sehr groß wird, Hauptsache, es hat mir Spaß gemacht. Und vielleicht bekomme ich die Lust zur Ergänzung, einige Begebenheiten habe ich ja noch auf Lager und eine dritte Auflage ist ja immer möglich. Glück Auf!

Literaturverzeichnis

(1) Pätz/Rascher/Seifert Kohle – Ein Kapitel aus dem Tagebuch der Erde – Seite 154

(2) Pätz/Rascher/Seifert Kohle – Ein Kapitel aus dem Tagebuch der Erde – Seite 116

(3) Dr. Manfred Wilde – auf Festvortrag am 23. November 2006 im Bürgerhaus Delitzsch

(4) 40143 Deutsches Brennstoffinstitut Freiberg – Archivalien Signatur 1-250

(5) Harald Hieke – (1998) Chronik des Braunkohlenbergbaues im Revier Bitterfeld – Seite 68

(6) Dipl.-Ing. Werner Wege – 13. Jahrgang Nr. 45 April 2006 Sonderausgabe Seite 3

(7) WIKIPEDIA – einige der Definitionen im Glossar

(8) Dipl.-Ing. Werner Wege – Chronik des Braunkohlenbergbaues im Revier Bitterfeld – Der Tagebau Golpa-Nord Technik und Kulturgeschichte in zwei Jahrhunderten – Seite 240

(9) Dipl.-Ing. Helmut Schölzel Wege – Chronik des Braunkohlenbergbaues im Revier Bitterfeld – Entwicklung der Instandhaltung im Revier – Seite 372

(10) Adolf Hampl – Chronik des Braunkohlenbergbaues im Revier Bitterfeld – Die geschichtliche Entwicklung des Baggerbaues und die über 100-jährige Nutzung von Baggern im Bitterfelder Braunkohlenrevier – Seite 26

(11) Dipl.-Ing. (FH) Gerhard Liehmann – Chronik des Braunkohlenbergbaues im Revier Bitterfeld Einfluss des Bergbaus auf die Kulturelle und soziale Lebensqualität – Seite 408

(12) Dipl.-Ing. (FH) Gerhard Liehmann – Chronik des Braunkohlenbergbaues im Revier Bitterfeld Band IV Sanierung zur Bergbaufolgelandschaft – Seite 30

(13) Delitzsch Alte Bilder erzählen – Manfred Wilde – Seite109

(14) Glück auf – 29. Mai 1975 – Seite 3

(15) Glück auf – 15. April 1976 – Seite 3

(16) Klaus Blessing – Die Schulden des Westens – Seite 68

(17) Dipl.-Ing. Dieter Kölsch – Chronik des Braunkohlenbergbaues im Revier Bitterfeld Die Tagebaue Delitzsch-Südwest und Breitenfeld – Seite 264

(18) Betriebszeitung Glück auf – Februar 1980 – Seite 7

(19) Lebenslaufakte Sanierung Tagebau Breitenfeld – 10.05.1993 – Rene Wahrburg

(20) NBI – 41. Jahrgang 5/85

(21) Arbeitsordnung des VE Braunkohlenkombinat Bitterfeld Stammbetrieb – Seite 17

(22) Arbeitsordnung des VE Braunkohlenkombinat Bitterfeld Stammbetrieb – Seite 14

Danksagung

Für die Unterstützung und Zuarbeit danke ich meinen ehemaligen Kollegen Klaus Srednicki, Otto Lehmann, Frank Massinger und Jörg Münzer.

Insbesondere aber auch ein großes Dankeschön an Frau Regina Lenor, Druckerei Wieprich Dessau-Roßlau.

Informationen zum Autor

Bernd Pache war vom 01.09.1974 bis zum 31.03.1993 im Braunkohlenkombinat Bitterfeld und nach den politischen Veränderungen 1990 in dessen Folgeunternehmen tätig.

In der Lehrausbildung mit den grundsätzlichen handwerklichen Fähigkeiten vertraut gemacht, bediente er als Facharbeiter alle in der Abteilung ETT Delitzsch-Südwest vorhandenen Baumaschinen, Hilfsgeräte und Fahrzeuge, bis auf wenige Ausnahmen, nämlich leistungsstarke Planierraupen und Krane selbst. Er war somit an nahezu allen Projekten im Bereich Erdbau, Montagen, Demontagen, Aufrechterhaltung des Tagebaubetriebes und Beseitigung von Havarien beteiligt.

Im Abendstudium zum Ingenieur für Bergbautechnik und Tagebautechnologie qualifiziert und mit großer Begeisterung für das Fachgebiet in Verbindung mit den Leistungen der Menschen und der Technik hält seine Begeisterung dafür unvermindert an.

Otto Lehmann, Klaus Srednicki und Frank Massinger gaben Unterstützung bei der Herausfindung von Details dieser Erinnerungen, es sind auch drei der insgesamt sehr wenigen Kollegen, die länger im Tagebau Delitzsch-Südwest tätig waren als der Autor.

Aus Anlass des 50 Geburtstages des Autors bei einer Befahrung eines aktiven Tagebau der MIBRAG.
Foto Jörg Münzer

Glossar

Abraum
Taubes Gestein oder Gebirge, das die Lagerstätte von Erzen oder Mineralien überdeckt, die im Tagebau abgebaut werden sollen.

Absetzer
Ein Absetzer ist ein Gerät zur kontinuierlichen gezielten Ablagerung von Schüttgut. Großgerät im Tagebau zum Versturz von Abraum, der mit Zug oder Bandförderung zugeführt wird.

Abraumförderbrücke (AFB)
Leistungsstarkes Tagebaugroßgerät zum Abtragen von Abraum im Bergbau. Sie dient dazu, gewonnenes Fördergut über den offenen Tagebau hinwegzubefördern und meist direkt auf eine Kippe zu verstürzen (Direktversturzkombination). Mit Hilfe der AFB können in einem Arbeitsgang bis zu 60 Meter mächtige Bodenschichten abgetragen, auf kurzem Weg über den Tagebau transportiert und verkippt werden. Die Abraumförderbrücken des Typs F60 besitzen eine Gesamtlänge von über 600 m und gelten als größte bewegliche technische Anlagen der Welt.

Achssenke
Eine Achssenke oder auch Radsatzsenke ist eine Einrichtung, die in Bahnbetriebswerken und bei Herstellern von Eisenbahnfahrzeugen zum Einsatz kommt. Mit Hilfe der Achssenke können einzelne Radsätze oder Drehgestelle eines Fahrzeugs abgesenkt werden, um sie zu überholen oder auszutauschen, ohne das Fahrzeug anzuheben. Die Achssenke ist in der Regel in einer quer zur Fahrtrichtung angeordneten Grube zwischen den Gleisen eingebaut und besteht aus einem fahrbaren Gestell, welches mit einer Senk- und Hubvorrichtung ausgerüstet ist. Die senkrechte Bewegung erfolgt elektrisch oder hydraulisch durch Gewindespindeln, Scherenhubtische oder Hydraulikzylinder.

ACZ
Im Agrochemischen Zentrum (ACZ) wurden in der DDR Chemikalien wie Dünger und Pflanzenschutzmittel für die Land- und Forstwirtschaft gelagert und ausgebracht.

Die ACZ übernahmen die Spezialaufgaben der „Chemisierung der Landwirtschaft“ – also Umschlag, Lagerung und die Ausbringung von Agrochemie (chemischen Düngemitteln, Pflanzenschutzmitteln und Mitteln zur biologischen Prozesssteuerung (MBP)) – für und im Auftrag der Landwirtschaftlichen Produktionsgenossenschaften (LPG). Die ACZ stellten dafür Streu- und Sprühgeräte zum Ausbringen der Chemikalien zur Verfügung. Von der DDR-Fluggesellschaft Interflug wurden auch Agrarflugzeuge bereitgestellt.

Die ACZ waren sogenannte Zwischenbetriebliche Einrichtungen (ZBE) und für das Gebiet mehrerer LPG zuständig. Daneben erfüllten sie vielfältige Aufgaben, auch außerhalb der Landwirtschaft, wie Transport, Reparatur und Instandhaltung, Lagerwirtschaft und Umschlag sowie Aufgaben des Winterdienstes.

Es war eine Form der Spezialisierung in der großflächigen Agrarproduktion

Agrar-Industrie-Vereinigung
Die Agrar-Industrie-Vereinigung (abgekürzt AIV) war eine Organisationsform in der DDR, in der mehrere Betriebe der Landwirtschaft und der Industrie zusammengefasst wurden. Ziel war die geschlossene technologische und organisatorische Kette von der Produktion bis zur Verarbeitung bzw. dem Verkauf von Agrarprodukten.

Akzise
Die Akzise, auch Accise (französisch) oder Accis (lateinisch), war eine indirekte Steuer, in der Regel eine Verbrauchssteuer beziehungsweise ein Binnenzoll. Akzisen wurden auf Grundnahrungsmittel (zum Beispiel Roggen, Weizen, Hopfen oder anderes Getreide beziehungsweise Mehl), auf Lebensmittel (Zucker, Salz, Fett, Fleisch), Genussmittel (Tabak, Kaffee, Tee, Bier, Sekt), auf Vieh oder auf den sonstigen Verbrauch erhoben.

Am Fenster
„Am Fenster" ist ein Lied der Gruppe City. Es wurde 1974 von City komponiert und 1977 auf Schallplatte veröffentlicht. Arrangeur war Georgi Gogow, der Text stammt von Hildegard Maria Rauchfuß. Das Lied gilt als Klassiker der DDR-Rockmusik.

Autogenes Schweissen
Das Gasschmelzschweissen oder Autogenschweissen ist ein Schweissverfahren aus der Gruppe des Schmelzschweissens. Als Wärmequelle dient dabei die Flamme eines Autogenschweissgerätes, die auch die Schmelze gegen Sauerstoff und somit gegen Oxidation schützt. Es ist eines der einfachsten und ältesten Schweissverfahren, wird aber wegen der relativ hohen Betriebskosten bzw. der geringen Produktivität nur noch selten genutzt, insbesondere im Handwerk und auf Baustellen wegen der geringen Anschaffungskosten der benötigten Geräte und der hohen Flexibilität im Einsatz. Es ist eng verwandt mit dem Autogenen Brennschneiden, sowohl hinsichtlich des Verfahrensprinzips als auch der Ausrüstung

AWG
Eine Arbeiterwohnungsbaugenossenschaft (abgekürzt AWG) war in der DDR der Zusammenschluss von Beschäftigten in Betrieben und Institutionen zu einer sozialistischen Genossenschaft, mit dem Zweck der Errichtung, Erhaltung und Verwaltung von Wohnungen als genossenschaftliches Eigentum. Arbeiterwohnungsbaugenossenschaften wurden unter anderem mit zinslosen Krediten staatlich gefördert. Die Mitglieder erbrachten Arbeitsleistungen und erwarben Genossenschaftsanteile. Neben der AWG gab es aus der Zeit vor 1945 noch eine weiterw Genossenschaftsform die Gemeinnützige Wohnungsbaugenossenschaft (GWG).

Ballonreifen
Ballonreifen sind eine spezielle Art von Reifen, die vor allem in früheren Zeiten eingesetzt waren. Sie zeichnen sich durch ein spezielles Verhältnis zwischen Höhe und Breite aus. Ballonreifen haben viele Vorteile. Sie können mit geringerem Reifendruck gefahren werden als ihre dünneren „Kollegen". Sie federn Bodenunebenheiten, wie Kopfsteinpflaster, Steine, Wurzeln und Schlaglöcher besonders gut ab.

Begleitschein
Der Begleitschein „begleitet" den Abfall auf seinem gesamten Entsorgungsweg.

Belas
Der Lkw BelAZ-540 ist ein Großmuldenkipper des sowjetischen Fahrzeugherstellers BelAZ, der ab 1961 gebaut wurde. Auch die DDR importierte die Maschinen und nutzte sie insbesondere im Bergbau.

Berme
Eine Berme ist ein horizontales Stück oder ein Absatz in der Böschung eines Dammes, eines Walls, einer Baugrube, einem Steinbruch oder an einem Hang. Sie unterteilt die Böschung in zwei oder mehrere Abschnitte. Eine Berme soll den Erddruck auf den Fuß der Böschung vermindern.

Bernstein
Bernstein bezeichnet einen seit Jahrtausenden bekannten und insbesondere im Ostseeraum weit verbreiteten klaren bis undurchsichtigen gelben Schmuckstein aus fossilem Harz.

Bieneisen
Handwerkszeug aus dem Tiefbau

Bodenwertzahl
Die Bodenwertzahl (BWZ), auch Bodenklimazahl (BKZ), ist in Deutschland ein Vergleichswert zur Bewertung der Ertragsfähigkeit landwirtschaftlicher Böden. Sie ist somit auch eine ökonomische Kennzahl. Sie wird mit den Daten der Bodenschätzung ermittelt und reicht von 0 (sehr niedrig) bis ca. 100 (sehr hoch). Die Werte sind an einer Normgemeinde mit dem Wert 100 ausgerichtet.

Böschung
Eine Böschung ist eine geneigte Fläche, die bei der Gewinnung bzw. Verkippung zwischen zwei Trennebenen unterschiedlichen Höhenniveaus entsteht. Es werden unterschieden:

Eine „bleibende Böschung" ist die an festgelegten (projektierten) Grenzen entstehende Böschung. Hierzu gehören Anfangs-, Kopf-, End- und Standböschungen.

Eine „fortschreitende Böschung" ist eine Böschung, deren Lage sich infolge der Gewinnung oder Verkippung verändert.

Braunkohle
Braunkohle (früher auch Turff genannt) ist ein bräunlich-schwarzes, meist lockeres Sedimentgestein, das unter Druck und Luftabschluss durch Inkohlung von organischen Substanzen entstanden ist. Braunkohle ist ein fossiler Brennstoff, der zur Energieerzeugung verwendet wird. Rohbraunkohle besitzt etwa ein Drittel des Heizwertes von Steinkohle, was etwa 8 MJ oder 2,2 kWh pro Kilogramm entspricht. Aufbereitete (getrocknete) Braunkohle hat ungefähr zwei Drittel des Heizwerts von Steinkohle.

Carl-Friedrich-Benz-Straße
Carl Friedrich Benz war ein deutscher Ingenieur und Automobilpionier. Sein Benz Patent-Motorwagen Nummer 1 von 1885 gilt als erstes praxistaugliches Automobil. Die Namensvergabe erfolgte am 15.12.1993 per Stadtverordneten-Beschluss 176/93.

Chemiekombinat Bitterfeld
Der Volkseigene Betrieb Chemiekombinat Bitterfeld war ein bedeutender Chemiestandort in der Deutschen Demokratischen Republik.

City
City ist eine deutsche Musikgruppe. Die Band wurde 1972 in Ost-Berlin gegründet und erlangte den Durchbruch mit ihrem Titel „Am Fenster". Anfangs nannten sie sich City Rock Band oder City Band Berlin.

DEFA
Die Deutsche Film AG, kurz DEFA, war ein volkseigenes, vertikal integriertes Filmunternehmen der DDR mit Sitz in Potsdam-Babelsberg.

Delitzsch
Delitzsch liegt südlich des Bitterfelder Bergbaureviers, nördlich von Leipzig und südwestlich der Dübener Heide.

Deponie
Auf einer Deponie werden Abfälle langfristig abgelagert und bis auf wenige Ausnahmen endgelagert. Eine Deponie ist eine bauliche und technische Anlage, mit der erreicht werden soll, dass die Ablagerung von Abfällen die Umwelt möglichst wenig schädigt.

DET 250
Der DET-250 (russisch ДЭТ-250) ist ein sowjetischer und später russischer Kettentraktor, der im Tscheljabinski Traktorny Sawod (dt. Tscheljabinsker Traktorenwerk, kurz ЧТЗ, transkribiert TschTS) ab 1956 projektiert wurde und seit 1961 in Serie gefertigt wird. Auch heute noch (Stand 2016) werden Maschinen dieses Typs produziert. Der häufig als Planierraupe genutzte Traktor war 1956 das erste Fahrzeug seiner Art mit dieselelektrischem Antrieb weltweit.

DKW E 200
DKW ist eine ehemalige deutsche Automobil- und Motorradmarke. Da ab 1928 alle Motorräder bis 200 cm^3 steuerfrei und ohne Führerschein gefahren werden durften, entstanden aus der E 206 die E 200 und die DKW Luxus 200, die berühmte Blutblase, so genannt, weil der Tank knallrot lackiert war, sowie die SB 200. Der geringere Hubraum von 198 cm^3 wurde durch Verminderung der Zylinderbohrung um einen Millimeter erreicht.

Drehpunkt
Punkt, um den der Tagebau schwenkt.

Devastierung
Unter Devastierung – auch Devastation (aus der lateinischen Sprache entlehnt: vastus = weit, leer, öde) – wird im Allgemeinen die Zerstörung oder Verwüstung von Landschaften, Ortschaften oder einzelnen Bauwerken verstanden. Am häufigsten wird der Begriff Devastierung im Zusammenhang mit Ortsverlagerungen als Auswirkung des Braunkohlebergbaus verwendet. Insbesondere die extensive Landschaftsinanspruchnahme der Großtagebauförderung macht oft die Aufgabe von Siedlungen notwendig.

Dichtungshanf
Dichtungshanf (auch Werg) besteht aus Hanf- oder Flachsfasern (Leinen) und ist ein Abdichtmittel für Gewinde. Es wird in Kombination mit einem meist pastösen Dichtungsmittel bei der Wasser- und Gasinstallation eingesetzt.

Dispatcher
Nach dem Zweiten Weltkrieg wurde das Wort Dispatcher (Диспетчер) in der Sowjetischen Besatzungszone bzw. später in der DDR aus dem Russischen (dort als englisches Fremdwort verwendet) übernommen. Im offiziellen Sprachgebrauch war ein Dispatcher ein leitender Mitarbeiter in Betrieben und Einrichtungen, der für die operative Lenkung und Kontrolle von Produktions- und Verkehrsprozessen aus vorhandenen Ressourcen verantwortlich war. Aufgabe des Dispatchers war es, den planmäßigen Betriebsablauf unter der Verwendung der Nachrichten- und Messtechnik zu sichern. Im Rahmen seiner Verantwortung erteilte er erforderliche Anweisungen und löste bei Störungen Sofortmaßnahmen zur Gewährleistung oder Wiederherstellung des geplanten Ablaufes aus. Diese Anweisungen galten als Anordnungen des zuständigen Leiters. Dispatcher wurden besonders im Bergbau, Maschinenbau, Verkehrswesen, in der Metallurgie sowie in der Elektrizitätsversorgung und in der chemischen Industrie eingesetzt. Dem Dispatcher standen in der Regel technische Mittel von Signal-, Regulierungs- und Fernsteueranlagen zur Verfügung. Der Dispatcher war verpflichtet, seinem Leiter und dem Dispatcher der übergeordneten Leitung Meldungen über den Stand der Planerfüllung, über Störungen, über Unplanmäßigkeiten und über die eingeleiteten Maßnahmen zur Überwindung von Unzulänglichkeiten oder Störungen des Betriebsablaufs zu erstatten.

Drehelastische Kupplung
Im Wesentlichen werden drehelastische Kupplungen eingesetzt um Fluchtungsfehler auszugleichen, die Vibrationen zu dämpfen und um ein Drehmoment zu begrenzen. Durch die Formgebung und der Härte des Elastomers kann die Kupplung an die Anforderungen der Konstruktion angepasst werden.

DSF
Die Gesellschaft für Deutsch-Sowjetische Freundschaft (DSF) war eine Massenorganisation in der DDR, die den Bürgern Kenntnisse über die Kultur und Gesellschaft der Sowjetunion vermitteln sollte.

EL 2
Die elektrische Grubenlok EL 2 wurde bei LEW Hennigsdorf von 1952 bis 1988 in 1.384 Exemplaren gefertigt. Die auch „Hundert-Tonnen-Loks" genannten, mit Gleichstrom betriebenen Maschinen gehören der am meisten gebauten Ellok-Baureihe Deutschlands an.

Entsorgungsnachweis
Entsorgungsnachweise benötigt, wer als Abfallerzeuger gefährliche Abfälle zu entsorgen hat.

EO 3322 A
Russischer Mobilbagger EO 3322 wurde im Baggerwerk Kalinin gebaut seit 1974, seine zulässige Gesamtmasse beträgt 14.500 kg, Achslast vorn 6.800 kg hinten 8.200 kg.

Allradantrieb,
Motor Typ Diesel SMD 14 mit 75 PS bei 1.700 U/min
Länge: 8.700 mm
Breite: 2.750 mm
Höhe: 3.950 mm
kleinster Wendekreis 20,5 m
Allrad pneumatische Bremse
Bereifung: 370-508 16 PR (14.00-20 16 PR)
Höchstgeschwindigkeit 20 km/h

FDJ
In der DDR war sie eine staatlich anerkannte und geförderte Jugendorganisation. Sie ist Mitglied im Weltbund der Demokratischen Jugend und im Internationalen Studentenbund.

Findlinge
Große Steine, aus Skandinavien und vom Ostseegrund stammend, durch die Gletscher der Eiszeit über die Braunkohle geschoben (daher auch Geschiebe genannt). Als Begleitrohstoff im Braunkohlentagebau gewonnen.

Freiheit III
Tagebaurestloch der Grube Auguste bei Bitterfeld am Pomselberg

Füllschicht
Arbeit im unterbrochenen Zweischichtsystem liegt vor, wenn die 16,8 Arbeitsstunden eines Tages in 2 Schichten aufgeteilt sind und die Werktätigen ständig regelmäßig im gleichen Wechsel von Montag bis Freitag in der Früh- und Spätschicht bzw. Nachtschicht arbeiten. Innerhalb von 4 Wochen müssen mindestens 10 Arbeitstage in der einen und der anderen Schicht geleistet werden. Die Schichten dürfen sich um 3 Stunden überschneiden. Ist auf Grund betriebsorganisatorischer Belange nur eine tägliche Arbeitszeit von 8 Stunden pro Schicht möglich, ist innerhalb von 4 Wochen eine Füllschicht zu leisten. (22)

Goitzsche (auch Goitsche), beide Schreibweisen wurden benutzt
1220 als „Gotsaw“ benannt, treffen wir 1323 auf die Schreibweise „Gotsowe“ und schließlich war der Name „Goitzsche“ geläufig. Als Anfang des 20. Jahrhunderts neue Messtischblätter erstellt wurden, war nun das Waldgebiet als „Goitsche“ bezeichnet.

GST
Gesellschaft für Sport und Technik, eine ehemalige vormilitärische Massenorganisation der DDR. Die „Gesellschaft für Sport und Technik“ war am 7. August 1952 gegründet worden, um DDR-Jugendlichen technische Fertigkeiten zu vermitteln.

HO
Die Handelsorganisation (HO) war ein in der juristischen Form des Volkseigentums geführtes staatliches Einzelhandelsunternehmen in der SBZ, weitergeführt in der DDR bis zu ihrer Auflösung nach der Wende. Der Handel umfasste alle Bereiche des Lebens – von Lebensmitteln bis zu Haushaltswaren.

Hybride
Eine Hybride ist in der Biologie ein Individuum, das aus einer geschlechtlichen Fortpflanzung zwischen verschiedenen Gattungen, Arten, Unterarten, Ökotypen oder Populationen hervorgegangen ist. In der Technik: Ein Hybridfahrzeug verfügt über zwei Motoren, einen Elektromotor und einen klassischen Verbrennungsmotor. Je nach Typ ist jeweils der eine oder der andere Motor größer bemessen.

Hydrostatischer Antrieb
Beim hydrostatischen Antrieb wird die mechanische Leistung der Antriebsmaschine durch eine Pumpe in hydraulische Leistung umgewandelt.

Indira Gandhi
Indira Priyadarshini Gandhi (* 19. November 1917 als Indira Priyadarshini Nehru in Allahabad; † 31. Oktober 1984 in Neu-Delhi) war eine indische Politikerin, die von 1966 bis 1977 und erneut von 1980 bis 1984 als Premierministerin Indiens amtierte. Sie starb durch ein Attentat.

Jugendtourist
Jugendtourist war ein Reisebüro der DDR-Jugendorganisation FDJ, das 1975 gegründet wurde. Die Aufgabe der Institution bestand darin, den nationalen und internationalen Jugendtourismus für junge Leute unter 27 Jahren zu vergünstigten Preisen, mit Abstrichen im Komfort und natürlich im Rahmen der geltenden Reisebeschränkungen zu organisieren und zu fördern. Ab den 1980er Jahren bot Jugendtourist auch Reisen in Nichtsozialistisches Wirtschaftsgebiet (NSW) an. Die Reiseziele lagen zum Beispiel in Österreich, Finnland und in Nordafrika. Die Anzahl an Reisen war aber recht beschränkt.

K 700 A
Der Kirowez K-700A (russisch Кировец К-700А), umgangssprachlich auch Kasimir, ist ein schwerer sowjetischer beziehungsweise später russischer Traktor. Das Fahrzeug mit Knicklenkung und Allradantrieb wurde vom Kirowwerk in Sankt Petersburg produziert und ersetzte den Kirowez K-700.

K-Wagen
Das war ein Kartrennen in der DDR.

Kompressor
Alle Kolben werden dabei über eine Kurbelwelle vom Kompressor Motor angetrieben. Durch die Kurbelwelle wird die Drehbewegung in eine Auf-und Abwärtsbewegung der Kolben umgewandelt. ... Die erzeugte Druckluft wird anschließend vom Verdichter über eine Luftleitung in den Druckluftbehälter geleitet und dort gespeichert.

Konsum
Konsum war die Marke der Konsumgenossenschaften auch in der DDR. Die einzelnen Genossenschaften betrieben Lebensmittelgeschäfte, Produktionsbetriebe und Gaststätten.

Laschen
An den Schienenenden werden die Schienen durch Laschen bzw. später durch Schweissungen verbunden. Sie haben den Zweck, die von den Schienen aufzunehmenden Kräfte von dem einen Schienenende auf das andere zu übertragen. Die Laschen müssen die Schienen so miteinander verbinden, dass die Schienenfahrkante und Schienenfahrfläche genau in Höhe und Richtung übereinstimmen und sich nicht verdrehen können.
Ein Schienenstoß der sich direkt über einer Schwelle befindet, nennt man einen festen Stoß. Sollte der Stoß jedoch zwischen zwei Schwellen liegen, so spricht man von einem schwebenden Stoß.

Lober
Der Lober ist ein Zufluss der Mulde in der Leipziger Tieflandbucht. Als Bach fließt er aus südlicher Richtung durch Delitzsch Er mündet nicht mehr über seinem ursprünglichen Unterlauf in die Mulde, sondern über den Lober-Leine-Kanal. Bis zu Letzterem ist der Lober etwa zwanzig Kilometer lang, zusammen ungefähr 36,3 Kilometer.

Liegendes
Bodenschicht unterhalb des Kohlenflözes.

Lichtgitterrost
Ein Gitterrost ist eine freitragende, belastbare (z. B. begehbare oder befahrbare) plattenförmige Konstruktion mit vielen durchgehenden Öffnungen. Gitterroste werden als Abdeckungen für Bühnen, Laufstege, Treppen, Podeste, Tritte und sonstige Öffnungen verwendet. Sie bestehen in der Regel aus Trag- und Querstäben und einer Randeinfassung.

Makulatur
Eine Makulatur (lat. maculatura „beflecktes Ding", von macula „Fleck") ist nutzlos gewordenes, in der Regel schon bedrucktes Papier (Altpapier).

Max Schmeling
Maximilian Adolph Otto Siegfried Schmeling (* 28. September 1905 in Klein Luckow; † 2. Februar 2005 in Wenzendorf) war ein deutscher Schwergewichtsboxer und zwischen 1930 und 1932 Schwergewichts-Boxweltmeister. Ein Comeback als Champion gelang ihm, trotz des Sieges 1936 gegen Joe Louis, im entscheidenden zweiten Kampf von 1938 nicht mehr. Er gilt bis heute als einer der populärsten Sportler Deutschlands.

Melioration
Melioration, teils auch Meliorisation (lateinisch melior ‚besser'), ist ein Begriff der Bodenkunde, Landschaftspflege und Wasserwirtschaft, der innerhalb der deutschsprachigen Staaten unterschiedliche Verwendung findet.

MIBRAG
Die Mitteldeutsche Braunkohlengesellschaft mbH (MIBRAG) ist ein Unternehmen, das sich mit der Förderung und anteiligen Verarbeitung von Braunkohle befasst.
1990 entstand zunächst durch Privatisierung des früheren VEB Braunkohlenkombinat Bitterfeld die Vereinigte Mitteldeutsche Braunkohlenwerke AG und befand sich im Besitz der Treuhandanstalt.

Minol
Minol ist seit 1949 ein deutscher Markenname für Mineralölprodukte. Der Name besteht aus den beiden Anfangssilben von Mineralöl und Oleum (lat. Öl).

Mobilbagger
Ein Bagger ist eine Baumaschine zum Lösen und Bewegen von Boden und Fels, insbesondere zum Ausheben und Wiederverfüllen von Erdvertiefungen wie etwa Baugruben und Schächten. Auch zur Bewegung von Schütt- und anderen Gütern und bei der Gewinnung von Kohle und Erzen im Tagebau werden Bagger eingesetzt. Radbagger, auch als Mobilbagger bezeichnet, mit einem Einsatzgewicht von etwa 8 t bis 100 t, die immer auf Rädern fahren. Die meisten Mobilbagger besitzen einen Allradantrieb.

Moskwitsch
Die OAO Moskwitsch (russisch OAO Москвúч) war ein sowjetischer bzw. russischer Automobilhersteller aus Moskau.

Mulde
Die Mulde, auch Vereinte Mulde oder Vereinigte Mulde, ist ein linker, nicht schiffbarer Nebenfluss der Elbe. Sie entsteht südöstlich von Leipzig bei Sermuth (Sachsen) durch Vereinigung zweier großer Quellflüsse, der längeren Zwickauer Mulde und der mit größerem Abfluss ein größeres Einzugsgebiet entwässernden Freiberger Mulde.

NSW
Der Begriff Nichtsozialistisches Wirtschaftsgebiet (NSW) wurde im offiziellen Sprachgebrauch in der DDR in Abgrenzung zu den Mitgliedsstaaten des Rates für gegenseitige Wirtschaftshilfe (RGW) für alle Staaten gebraucht, die sich nicht an sozialistischen Wirtschaftsprinzipien (Zentralverwaltungswirtschaft, Volkseigentum u. ä.) orientierten. Das Kürzel NSW wurde vorrangig im Zusammenhang mit Wirtschaftsbeziehungen (z. B. NSW-Importe, -Exporte, -Dienstreisen) gebraucht.

NBI
Neue Berliner Illustrierte

NVA
Die Nationale Volksarmee (NVA) umfasste von 1956 bis 1990 als Streitkräfte der Deutschen Demokratischen Republik (DDR) die dem Ministerium für Nationale Verteidigung (MfNV) unterstehenden militärischen Formationen und Einrichtungen der Bewaffneten Organe der DDR sowie des (militärischen) Ersatzwesens in der DDR.

Olympische Winterspiele
Die Olympischen Winterspiele 1984 (auch XIV. Olympische Winterspiele genannt) wurden vom 8. bis 19. Februar 1984 in Sarajevo, Jugoslawien (heute Bosnien und Herzegowina) ausgetragen.

Petrologie
Petrologie, [von griech. petra=Stein], Gesteinskunde, Teildisziplin der Geowissenschaften, die sich mit Vorkommen, Mineralbestand, Gefüge, chemischer Zusammensetzung und Entstehung der Gesteine befasst. Da Gesteine die wesentlichen Bestandteile der Erde darstellen und da sie selbst aus einem Gemenge von Mineralen bestehen, hat die Petrologie enge Beziehungen zu den Nachbarfächern Geologie und Mineralogie.

PGH
Eine Produktionsgenossenschaft des Handwerks war in der Deutschen Demokratischen Republik eine sozialistische Genossenschaft. Die Handwerksproduktionsgenossenschaften entstanden als Alternative zu den privaten Firmen.

Quecksilberdampflampe
Eine Quecksilberdampflampe ist eine Gasentladungslampe mit Quecksilberdampffüllung. Zusätzlich zum Quecksilber, welches aufgrund des bereits bei Raumtemperatur geringen Dampfdruckes teilweise in gasförmiger Form vorliegt, enthält sie stets auch ein Edelgas (meist Argon), um die Zündung zu erleichtern.

Rekultivierung
Unter Rekultivierung werden technisch und materiell aufwendige Maßnahmen zur Wiederherstellung oder Rückführung einer Landschaft in einen nutzbaren Zustand verstanden, welche durch massive Eingriffe infolge wirtschaftlicher Aktivitäten des Menschen beeinträchtigt oder zerstört wurden. Das Ziel der Rekultivierung besteht darin, die ursprüngliche Kulturlandschaft wieder zu erstellen oder eine neue zu schaffen. In der Regel wird eine Kulturlandschaft durch eine andere ersetzt. Rekultiviert werden unter anderem Steinbrüche, Kiesgruben, Deponien aller Art sowie Bergbaufolgelandschaften allgemein, vor allem Tagebaugebiete.

Restloch
Ein Tagebaurestloch ist eine Vertiefung in der Erdoberfläche als Folge der Gewinnung mineralischer Rohstoffe (Braunkohle, Erz, Sand, Kies) im Tagebau. Das Volumen umfasst theoretisch das Massendefizit aus Rohförderung und verwertbarer Förderung, nachdem der Tagebau mit dem nicht verwertbaren Material (Abraum) verfüllt worden ist.

Röhrentrockner
Ein Röhrentrockner (auch Röhrentrommeltrockner, Röhrenofen oder nach seinem Erfinder auch Schulz'scher Trockner genannt) ist ein Apparat zur Trocknung von Schüttgütern. Der Trockner kann prinzipiell für alle rieselfähigen Trockengüter verwendet werden; sein Haupteinsatzgebiet liegt traditionell in der Trocknung von (Braun-)Kohlenstaub zur Vorbereitung für eine anschließende Brikettierung.

RS09
Der Traktor und Geräteträger RS09 (RS = Radschlepper) mit dem Markennamen Maulwurf, später modifiziert GT109, GT122 oder GT124 (GT = Geräteträger), von seinen Fahrern liebevoll „Nulli", „Molli" oder „Mull" genannt, wurde der Nachfolger des RS08 und einer der meistgebauten Traktoren der DDR und des Ostblocks insgesamt. Er wurde von 1955 bis 1964, in Kleinserie auch einige Jahre darüber hinaus, zunächst im VEB Traktorenwerk Schönebeck und später im VEB Landmaschinenbau Haldensleben in der DDR gefertigt.

RT 125
RT 125 ist die Modellbezeichnung verschiedener, von verschiedenen Herstellern produzierter Motorräder. Die MZ 125 war ein Motorrad des VEB Motorradwerk Zschopau, der in der Baureihe IFA-DKW/IFA/MZ (RT) 125 von 1950 bis 1965 insgesamt 324.561 Motorräder herstellte. Grundlage war die Vorkriegsmaschine DKW RT 125. Die Typbezeichnung änderte sich während der Bauzeit mehrmals, zuletzt in MZ 125.

Rutschungen
Wasser kann die Stabilität eines Hanges vergrößern oder verringern, abhängig von der vorhandenen Wassermenge. Geringe Mengen von Wasser können aufgrund der Oberflächenspannung des Wassers Böden stärken, da dem Boden so eine erhöhte Kohäsion zukommt. Dies erlaubt dem Boden, erosionsresistenter zu sein, als wenn er trocken wäre. Eine Massenbewegung, Hangbewegung oder Rutschung ist ein geomorphologischer Prozess, bei dem eine gewisse Masse an Böden, Regolith und Felsen samt darauf stehenden Lasten unter dem Einfluss der Gravitation durch die antreibende Wirkung einer Komponente der Schwerkraft hangabwärts in Bewegung kommt. Typisch ist das Auftreten einer Gleitebene zwischen ruhend bleibendem Untergrund und darüber sich abgleitend bewegenden Massen. Start und Erhalt der Bewegung erfolgt unter Überwindung von Kohäsion, Reibungskraft und Strömungswiderstand.

Ist jedoch zu viel Wasser vorhanden, fungiert es als eine Art Gleitmittel und beschleunigt somit Erosionsprozesse, die in verschiedenen Arten von Massenbewegungen resultieren (z. B. Muren, Erdrutsche,...). Gut vorstellen kann man sich dies, wenn man an eine Sandburg denkt. Der Sand muss mit Wasser vermischt werden, um seine Form zu halten. Fügt man dem Sand zu viel Wasser hinzu, rinnt der Sand davon; verwendet man zu wenig Wasser, fällt der Sandhaufen zusammen, da er nicht in Form gehalten werden kann.

S 4000
Der S 4000 (für Sachsenring, 4.000 kg) war ein vom Kraftfahrzeugwerk „Ernst Grube" Werdau gefertigter mittelschwerer LKW.

Sarajevo
Die Olympischen Winterspiele 1984 (auch XIV. Olympische Winterspiele genannt) wurden vom 8. bis 19. Februar 1984 in Sarajevo, Jugoslawien (heute Bosnien und Herzegowina) ausgetragen.

Spezimatic
Spezimatic (Kofferwort aus ‚Spezial' und ‚Automatic') ist ein Markenname für eine Serie von Herrenarmbanduhren mit automatischem Aufzug der VEB Glashütter Uhrenbetriebe in der DDR.

Schienenbohrmaschine
In Weichen und bei Stoßgleisen sind die Bohrungen für die Befestigung der Laschen teilweise vor Ort auszuführen. Die Bohrungen werden größtenteils waagerecht im bereits verlegten Gleis ausgeführt. Der Durchmesser der Löcher kann bis zu 38 mm betragen. Für die Verlaschung von Gleisen ist es notwendig, jeweils bis zu vier Löcher in Reihe in gleicher Höhenlage und mit vorgegebenem Abstand zu bohren. Um die exakte Ausrichtung der Bohrmaschine zu garantieren, werden Mehrloch-Bohrlehren verwendet. Durch sie ist es möglich, die präzisen Bohrabstände einzuhalten.

Seitenvorgelege
Ein Seitenvorgelege ist eine zusätzliche Übersetzungsstufe an einem Schaltgetriebe, wie sie zum Beispiel in Fahrzeugen und Werkzeugmaschinen verwendet werden.
In der Regel wird damit die Drehzahl der angetriebenen Welle verkleinert (Werkzeugmaschinen) bzw. das zur Verfügung stehende Drehmoment erhöht (Fahrzeuge).

Selbstentadewagen
Fahrzeuge, Kraftwagen oder Eisenbahngüterwagen, die durch Kippvorrichtungen aller Art oder durch Öffnen von Bodenklappen entleert werden können. Ein typisches Einsatzgebiet von Einseitenkippwagen ist der Abraumtransport im Bergbau insbesondere in Tagebauen. Vorteilhaft ist der gegenüber Zweiseitenkippwagen einfachere Aufbau.

Schlupf (Anschlagmittel)
Anschlagmittel sind nicht zum Hebezeug gehörende Einrichtungen, die eine Verbindung zwischen Tragmittel und Last oder Tragmittel und Lastaufnahmemittel herstellen. Anschlagmittel werden auch als Gehänge bezeichnet.

Anschlagmittel können Seile, Ketten, Hebebänder, Hebegurtschlingen, Rundschlingen (auch Schlupf genannt) und lösbare Verbindungsteile wie z. B. Schäkel oder Wirbel sein.

Sozialgesetzbuch (SGB II)
Zweites Buch Grundsicherung für Arbeitsuchende

(1) Die Grundsicherung für Arbeitsuchende soll es Leistungsberechtigten ermöglichen, ein Leben zu führen, das der Würde des Menschen entspricht.

(2) Die Grundsicherung für Arbeitsuchende soll die Eigenverantwortung von erwerbsfähigen Leistungsberechtigten und Personen, die mit ihnen in einer Bedarfsgemeinschaft leben, stärken und dazu beitragen, dass sie ihren Lebensunterhalt unabhängig von der Grundsicherung aus eigenen Mitteln und Kräften bestreiten können. Sie soll erwerbsfähige Leistungsberechtigte bei der Aufnahme oder Beibehaltung einer Erwerbstätigkeit unterstützen und den Lebensunterhalt sichern, soweit sie ihn nicht auf andere Weise bestreiten können.

SR2 E
Das SR2 („SR“ bedeutet „Simson-Rheinmetall“) ist das Nachfolgemodell des ersten von Simson gefertigten Kleinkraftrades SR1 in Suhl (Thüringen). Es wurde erstmals auf der Leipziger Frühjahrsmesse 1957 vorgestellt und fand zusammen mit dem modifizierten Modell SR2E mit über 900.000 hergestellten Fahrzeugen außerordentlich große Verbreitung in der DDR.

Strosse
Arbeitsebene, auf der Gewinnungs- und Verkippungsgeräte in Verbindung mit den ihnen zugeordneten Fördermitteln (z. B. Bandstraßen) arbeiten.

Stützrollen
Stützrollen tragen die Kette mit den Raupenplatten.

Subbotnik
Der Subbotnik (von russisch суббота subbota, deutsch ‚Sonnabend/Samstag‘) ist eine in Sowjetrussland entstandene Bezeichnung für einen unbezahlten Arbeitseinsatz am Sonnabend, der in den Sprachgebrauch in der DDR übernommen wurde.

Schwalbe
Die Simson Schwalbe ist ein Kleinkraftrad der DDR, das von Simson in Suhl hergestellt wurde.

S 50 N

Das Mokick Simson S 50 ist ein vom VEB Fahrzeug- und Jagdwaffenwerk „Ernst Thälmann" unter dem Markennamen Simson zwischen 1975 und 1980 hergestelltes Kleinkraftrad. Das S 50 N wurde ausschließlich in Blau angeboten und hatte eine schlichte elektrische Anlage (keine Blinker, kein Zündschloss, nur innenliegende Zündspule). Ein Bleiakku fehlte beim S 50 N ebenfalls, es gab lediglich eine Halterung für vier Monozellen für die Hupe, da die Lichtmaschine nur Wechselstrom lieferte. Die Soziusfußrasten wurden direkt an der Schwinge befestigt. Somit war das S 50 N etwas leichter. Es war als wenig Ansprüche an die Wartung stellendes Fahrzeug vor allem für den Einsatz in Gegenden mit geringem Verkehrsaufkommen, der Land- und Forstwirtschaft konzipiert.

Tagesanlagen

Unter Tagesanlagen versteht man die oberirdischen Betriebsteile eines Bergwerks, im Braunkohlenbergbau die Ansammlung von Verwaltungsgebäuden, Werkstätten, Lagerflächen und Verkehrswege.

Teufe

Bergmännischer Ausdruck für die von der Erdoberfläche aus senkrecht nach unten gemessene Tiefe.

Tuschierplatte

Die Tuschierplatte ist eine Metall- oder Steinplatte mit einer präzise hergestellten ebenen Fläche. Sie hat eine harte Oberfläche, die durch Schleifen oder Schaben bearbeitet wurde. In der Metallbearbeitung dient sie zur Prüfung der Flächen auf Unebenheiten.

Universalbagger UB 162

TECHNISCHE DATEN:

MotorDieselmotor, 12 Zylinder, luftgekühlt, Viertakt

Leistung	150 KW
Motordrehzahl	1.500 min-1
Fahrgeschwindigkeit	1,5 km/h
Oberwagendrehzahl	4,0 min-1
Steigmöglichkeit	1: 4
Steuerluftdruck	6 atü
Anlassspannung	24 V

AUSRÜSTUNGSVARIANTEN:		Dienstmasse (t)
Hochlöffelausrüstung	2,0 m^3 für Fels	62
Tieflöffelausrüstung	2,4 m^3 mit Schneide	58
Tieflöffelausrüstung	1,9 m^3 mit Zähnen	58
Zugschaufelausrüstung mit Schneide	1,4- 2,3m^3	55
Zugschaufelausrüstung mit Zähnen	1,4- 2,3 m^3	62
Greiferausrüstung	Schüttgutgreifer 1,25- 2,5 m^3	62
	Grabgreifer 1,0- 2,0 m^3	55
Kranausrüstung UB162	20 Tragkraft	
Kranausrüstung UB162-1	30 Tragkraft	

Auslegerlängen 12, 15, 18, 21, 24 m

Ural-375
Der Ural-375 ist ein allradgetriebener sowjetischer Lastkraftwagen in Haubenlenkerbauweise mit der Antriebsformel 6×6.

VA Blech
Die damals aus V für Versuch und A für Austenit gebildeten Bezeichnungen V2A standen für CrNi-Stahl bzw. V4A für CrNiMo-Stahl. Sie werden nach wie vor als Synonyme für Edelstahl Rostfrei gebraucht.

Vorschnitt
Der Abraumförderbrücke vorausgehender Abbaubetrieb, gewinnt und fördert die oberen Bodenschichten bis der Arbeitsbereich der Abraumförderbrücke beginnt.

W 50
Der W50 (Werdau 50 dt) ist ein zwischen 1965 und 1990 in der DDR gebauter Vielzweck-Lastkraftwagen des Industrieverbands Fahrzeugbau (IFA). Insgesamt wurden 571.789 Fahrzeuge dieses Typs gebaut. Die Produktion erfolgte bei den Automobilwerken Ludwigsfelde, Sonderfahrzeuge kamen jedoch auch aus anderen Betrieben. Das Nachfolgemodell war der ebenfalls in Ludwigsfelde gebaute IFA L60.

Walze
Eine Walze (alltagssprachlich Straßenwalze genannt) ist eine Baumaschine und zählt zur Gruppe der Verdichtungsgeräte. Mit ihrer Hilfe können großflächig bindige und nicht bindige Böden, Trag- und Frostschutzschichten sowie Asphalt verdichtet werden. Eine ausreichende Verdichtung ist notwendig, um Tragfähigkeit und Dauerhaftigkeit der eben genannten Baustoffe gewährleisten zu können.

Grundsätzlich muss bei Walzen zwischen einer dynamischen (Verdichtung durch Bewegung) und einer statischen (Verdichtung durch Gewicht) Wirkungsweise bei der Verdichtung unterschieden werden. Sie kommen auf Baustellen im Erdbau und im Straßen- und Wegebau zum Einsatz

Wartburg 311
Der Wartburg 311 war ein PKW des Automobilwerks Eisenach mit Dreizylinder-Zweitaktmotor.

Waschkaue
Waschkaue bezeichnet man den Umkleide- und Waschraum der Bergleute. Ursprünglich war es die Bezeichnung für einen Überbau über einen Bergwerksschacht, der diesen vor Regen und Wind schützte.

Wismut
Die Wismut AG oder ab 1954 SDAG Wismut (Sowjetisch-Deutsche Aktiengesellschaft Wismut) war ein Bergbauunternehmen, das sich zwischen 1946 und 1990 zum weltweit viertgrößten Produzenten von Uran (nach der UdSSR, den USA und Kanada) entwickelt hatte.

Anlagen

Zeittafel Bernd Pache Tagebau Delitzsch-Südwest 1974 bis 1993

Bernd Pache	Jahr	BKK Bitterfeld Tagebau Delitzsch-Südwest
Beginn Lehrausbildung Instandhaltungsmechaniker	1974	Vorbereitende Arbeiten zum Beginn der Tagebauentwässerung, Bau der ersten Unterkunft „EuE" Baracke durch BMK Süd
Ab September praktische Ausbildung in diversen Werkstätten im Außenbetrieb	1975	Beginn der Entwässerung des Tagebaufeldes; Beginn Bau der Verbindungsbahn zwischen Tagebau und Stellwerk 42 (Roitzsch)
Aufnahme der Tätigkeit als Lehrling im Tagebau als Maschinist und Planierraupenfahrer am 01.03.1976 Abschluss der Lehrausbildung am 15.07.1976	1976	Überführung der ersten Tagebaugroßgeräte Bgg. 282 und Bgg. 549 und Beginn Aufschlußbaggerung; erstes Großprojekt Loberverlegung zwischen Brodau und Döbernitz
Einberufung Grundwehrdienst am 03.05.1977	1977	Erster Abraumzug und Erweiterung der Aufschlussfigur Transport Bgg. 1401 nach DSW und Absetzer 1055 zur Freiheit III
Wehrdienst bis 27.10.1978	1978	Herstellung Montageplatz für AFB 23 und Bgg. 1297; Herstellung Stützkörper im Bereich Schrägbandanlage
Hebezeugführerpass und Beginn Abendstudium Fachrichtung Bergbautechnik und Tagebautechnologie	1979	Beginn der Kohleförderung und Montage AFB 23 und Bgg. 1297
Mehrzweckgerätefahrer, u.a. T 174, HON 053, EO 3322 A, ZT 303, W 50, Krazz 255 B Belas und weitere Maschinentechnik	1980	Inbetriebnahme AFB 23 und Montage Kohlebandanlage; Devastierung Kattersnaundorf
Kraftfahrer LKW W 50 Material- und Dieselkraftstoffversorgung, Winterdienst, Krazz 255 B Kipper und Bereitschaft Instandhaltung	1981	Überbaggerung Kattersnaundorf und Übergang zum Regelbetrieb; Vermehrter Steine Anfall (Findlinge) im saalekalt-zeitlichen Elster-Mulde-Schotter im Bereich AFB
Kraftfahrer LKW W 50 Material- und Dieselkraftstoffversorgung, Winterdienst, Krazz 255 B Kipper und Bereitschaft Instandhaltung	1982	Erhöhung der Kapazität der Absetzerkippen nach Beginn der Aufschlußbaggerung Tagebau Breitenfeld
Ab 01.03.1983 Einsatz als Operativtechnologe	1983	Tagebau im Regelbetrieb
Abschluss Abendstudium als Ingenieur für Bergbautechnik und Tagebautechnologie	1984	Errichtung Bandkippe AS 1092
Tätigkeit nach Funktionsplan mit wachsendem Aufgabenspektrum	1985	Überbaggerung von Grabschütz
Tätigkeit nach Funktionsplan, zunehmende Verantwortung für Abrechnungen Dieselkraftstoff gesamter Tagebau	1986	Winterkampf; Einsatz Fremdarbeitskräfte und NVA
	1987	Winterkampf, besonders tiefe Temperaturen und anfangs sehr viel Schnee

	1988	Höchste Kohleförderung mit 10,4 Millionen Tonnen
Politische Entwicklungen in der DDR, zum Jahresende vorbeugende Kur vom FDGB	1989	Verschrottung Absetzer 982
	1990	Beginnender Bedarfsrückgang an Braunkohle bedingt durch die beginnende Deindustrialisierung der DDR und Veränderungen im Kohlebedarf
Aufhebungsvertrag und Beginn der neuen Tätigkeit als Leiter H&N in der MBS im Tagebau Breitenfeld	1991	Weiterhin rückläufige Kohleförderung
Leiter H&N Tagebau Breitenfeld	1992	Abbruch Werbelin
Leiter H&N Tagebau Breitenfeld bis zum 31.03.1993	1993	Stilllegung des Tagebaus und Beginn der Sanierungsarbeiten (DSW)

Fotos

Alle nicht gesondert gekennzeichneten Fotos sind vom Autor Bernd Pache.

Nachträge

Krazz im Graben

Im Winter 1986 hatte der Fahrer Harald Peisker zu Beginn seiner II. Schicht den Auftrag zum VEB Saatzucht Delitzsch zu fahren. Dort sollte er ein festgefahrenes Fahrzeug bergen. Auf der Straße parallel des Vorfluter 1 in Fahrtrichtung Feldscheune kam er mit seinem Krazz von der Straße ab und kippte in den Graben.
Eine technische Ursache wurde ins Auge gefasst. Die technische Untersuchung der Lenkung und die Prüfung des Hydrauliköls der Lenkung ergaben jedoch keinen entsprechenden Hinweis.
Im Rahmen der Möglichkeiten ist es daher, dass der Fahrer den Fahrbahnrand durch die Straßen und Witterungsverhältnisse nicht erkennen konnte. Die Bankette am Fahrbahnrand waren nicht eben ausgebildet, der Fahrbahnrand durch die festgefrorene Schneedecke nicht erkennbar. Zudem herrschte zum Zeitpunkt des Unfalls starkes Schneetreiben. Dies behinderte die Sicht zumal die Scheibenwischer eines Krazz nicht unbedingt durch vorbildliche Funktionsweise brillierten.
Doch Ursache und Hergang sollten nicht weiter interessieren. Interessant waren die Bergung und der Schaden am Fahrzeug. Zum letzteren, Schaden am Fahrzeug gleich null. Der Spiegel war, da in seiner Konstruktion beweglich und somit anklappbar ganz geblieben. Die Batterien wurden vorsorglich getauscht, Fahrzeug war sofort wieder einsatzbereit.
Zur Bergung waren wir mit einem Panzer angerückt, Fahrer war Werner Ortmann. Jedoch mussten wir vor Beginn der Bergungsarbeiten den Berufsverkehr passieren lassen. Da waren vermutlich einige Kollegen der anderen Abteilungen voller Schadenfreude oder haben wegen beschlagener Scheiben in den Bussen nichts mitbekommen.

Foto Jörg Münzer

Lauge im Auge

Im Januar 1981 wurde ich mit dem ZT 303 und dem Flüssigmisttankanhänger HTS 100.27 zur Behandlung der Betriebsstraßen mit Lauge eingesetzt. Die Lauge verhinderte das Überfrieren der Straßen bei Frost.
Am Heck des Anhängers befand sich ein sogenannter Sprühbalken. Dies war eine einfache Konstruktion eines Rohres in Fahrzeugbreite mit mehreren Sprühdüsen. Über eine Pneumatische Steuerleitung konnte die Hecköffnung des Anhängers geöffnet und somit die Belaugung der Fahrbahn eingeleitet werden.
Wenn der Anhänger leer war, wurde er wieder gefüllt. Dies erfolgte an dem sogenannten Laugeteich. Dies war ein umfunktionierter Feuerlöschteich, der von Eisenbahnkesselwagen mit Lauge versorgt wurde. An diesem Laugeteich wurde dann der Anhänger neu befüllt. Das geschah mit Unterdruck, der im Behälter erzeugt wurde. Mit einem fest installierten Saugschlauch im Laugeteich konnte dieser Vorgang gestartet werden. Dazu wurde der Sprühbalken abgenommen und nach dem Befüllvorgang wieder angebaut. Sehr oft setzten sich die Sprühdüsen des Sprühbalken zu. Mit einer Reißnadel wurde dann die Öffnung wieder freigemacht.
Und dabei war ich wohl zu unvorsichtig. Ich hatte nicht mit der Wucht und der Stärke eines Strahles gerechnet, nachdem ich eine Düse gereinigt hatte. Ein kräftiger Laugestrahl spritzte mir ins Gesicht und damit in beide Augen. Und nun hatte ich ein Problem. Der Laugeteich war weit entfernt von der Sanitätsstelle. Ich hatte die Wahl zu Fuß querfeldein über die stationären Gleise der Kohleverladung oder mit dem ZT 303 einen Umweg nehmend zu fahren.
Ich habe mich für das Fahren entschieden, zum Glück in der Sanistelle eine Schwester vorgefunden, die mir umgehend die Augen ausspülte. Ziemlich schnell verringerten sich meine Schmerzen, ein Druck in den Augen blieb noch mehrere Tage. Zukünftig ging ich vorsichtiger an solche Aufgaben heran, hatte ich doch der Gefahr ins Auge geschaut.

Obst aus 1035

Im Vorfeld der Devastierung des Ortes Grabschütz 1985 wurden durch unsere Abteilung vorbereitende Maßnahmen und Beräumungen durchgeführt. Da der Ort nicht mehr bewohnt war, sind die beteiligten Kollegen durch die Grundstücke gestreunert, Kollege Reinhard Lehmann hatte sogar einen speziellen Begriff dafür, Kudern. Die „Beute“ war sehr unterschiedlich irgendwelche Werte waren kaum zu finden, aber eben Dinge für den Gebrauch im eignen Grundstück, Feuerholz oder Teile aus Werkstätten und Scheunen wechselten so schon mal den Besitzer.
So nahmen die Kollegen aus einer Vorratskammer eingemachtes Obst in Weckgläser mit. Auf den Gläsern fein säuberlich mit Papier und Bleistift vermerkt das Jahr in dem das Obst, in diesem Fall Pflaumen eingekocht wurden, 1935.
Im Aufenthaltsraum der Kraftfahrer angekommen wurde das Papier mit der Jahreszahl entfernt, das Glas geöffnet, der Gummi war sehr brüchig, aber das Glas war fest verschlossen und das Obst in Ordnung. Zum Schichtwechsel kamen dann doch einige Kollegen, die unbedingt kosten wollten. Und sie haben gekostet und geäußert, etwas geschmacklos. Dann wurde der Hintergrund aufgeklärt. Aber es stand der Beweis, eingekochtes Obst hält sich 50 Jahre.

Emotionen Lössen

Für den Tagebau Breitenfeld musste der Ort Lössen weichen, ein kleines Dorf östlich von Wolteritz mit knapp 200 Einwohnern. Mit diesem Ort verbinden mich viele Erinnerungen aus Kindheit und Jugend. In Lössen wohne die Schwester meines Vaters Frieda mit ihrem Mann Karl Rudolf. Meine Tante hatte am 07. März Geburtstag, mein Onkel im Sommer. Üblich waren zum Geburtstag entsprechende Besuche des Geburtstagskindes mit der dazu gehörenden Feier.

Familie Rudolf wohnte aus Richtung Rackwitz kommend in einem der ersten Häuser am Ortseingang in der Salzstraße Hausnummer 23. Das Wohnhaus gehörte zu einem mittelgroßen Bauernhof, war wohl ursprünglich das Wohnhaus der Angestellten des Bauern. Südlich hinter Scheune und Stall befand sich ein kleiner Garten und unmittelbar an seiner Grenze das Gleis der Kleinbahn. Ich kann mich noch gut daran erinnern, dass wir zum Geburtstagstermin im März zunächst mit der Reichsbahn von Delitzsch nach Rackwitz und dann weiter mit der Kleinbahn bis zum Haltepunkt in der Nähe des Dorfteiches fuhren. Später, der Betrieb der Kleinbahn wurde eingestellt fuhren wir mit dem Bus in Richtung Leipzig. Am Abzweig nach Lössen war eine „Bushaltestelle“, von dort ging es zu Fuß weiter. Obwohl es bis zum Ort nur etwa ein Kilometer war, war dieser Weg mehrfach bei starkem Schneefall zu bewältigen, was bereits beim Hinweg Zweifel hervorrief, ob der Bus dann am Abend noch fahren würde. Im Sommer fuhren wir meist mit dem Motorrad meines Vaters, einem Gespann bestehend aus einer AWO 250 und einem Stoye Seitenwagen.
An was erinnere ich mich nun? Da war zum einen der Bauernhof selbst, mit Hühnern, Enten, Kaninchen, Hund und Katze aber auch Schweinen und Ziegen. Nicht ganz sicher bin ich mir ob Anfangs sogar eine Kuh zum Viehbestand gehörte. Mitten auf dem Hof der große Misthaufen, daneben mit direktem Abfluss das Plumpsklo. Da waren die großen Tiere, das Spektakel beim Füttern der Schweine aber viel Wichtiger für mich waren die Erzeugnisse des Bauernhofs. Diese bildeten ja die Ernährungsgrundlage der Dorfbewohner. Und ganz besonders gut waren die Leberwurst und die Gewürzgurken von Tante Frieda. Das bedeutet, die Vorfreude auf die Geburtstage in Lössen war stets groß.
Im Sommer gehörte es stets zum Programm, meist zwischen Kaffeetrinken und Abendbrot der Buschenaukirche, eine aus Natursteinen erbaute Kirche einen Besuch abzustatten. Die Kirche gehörte ursprünglich zum Ort Buschenau, der bereits im 16. Jahrhundert wüst geworden war. Es ging zu Fuß aus dem Grundstück raus, nach links Richtung Dorfteich und dann wieder nach links über den Bahnübergang der Kleinbahn zur Kirche. Entfernung waren etwa 1,5 Kilometer. An der Kirche befand sich ein Friedhof. Ob auf dem Friedhof Angehörige von Onkel und Tante bestattet waren weiß ich nicht mehr. Um den Komplex Kirche und Friedhof standen große Pappeln, von Lössen aus war die Kirche oftmals gar nicht auszumachen.
Im Winter fiel dieser Spaziergang aus, man blieb lieber im kleinen Wohnzimmer mit Kachelofen. Das Zimmer wurde im Übrigen nur zu besonderen Anlässen und Feiern genutzt, ansonsten fand das Leben in der Wohnküche statt. Und der Kachelofen im Wohnzimmer sollte noch einmal wichtig für mich werden.
Ich hatte mich im wahrsten Wortsinn losgeeist, nämlich zum zugefrorenen Dorfteich wo die Dorfjugend herumtollte. Mangels Schlittschuhe und Eishockeyschläger konnte ich bei den großen Jungs nicht mitspielen. Ich bewegte mich am Rand des Deiches, er hat zumindest auf der nördlichen Seite eine massive Betonmauer. Und genau dort brach ich dann ins Eis ein, zum Glück nur mit einem Bein, aber das verschwand schon komplett im eiskalten Wasser. Nun war es an der Zeit wieder zurück zu gehen. Anfangs gelang mir sogar der Versuch, das Hosenbein ohne die Hose auszuziehen am Kachelofen zu trocknen. Ob es meine merkwürdigen Bemühungen am Ofen oder der Geruch der Hose war, irgendwann bin ich aufgeflogen. Ich musste mir entsprechende Schimpfkanonaden anhören und die Hosen ausziehen, sie wurde auf dem Ofen getrocknet.
Etwa zwanzig Jahre später, etwa 1985, der Ort Lössen war zur Devastierung vorgesehen und teilweise bereits ohne Bewohner besuchte ich meinen Onkel. Tante Frieda war bereits verstorben und er freute sich über jeden Besuch, insbesondere, wenn man ihm „Arbeit“ mitbrachte. Er war Uhrmacher und jeden Wecker, den ich ihm zur Reparatur gab brachte ihm Freude. Ich bin mir nicht ganz sicher, aber ich glaube, er hat den Ort nicht lebend verlassen, ist vor dem Umzug in ein neues Quartier verstorben.

Geballte Maschinenkraft, Planierraupen im Einsatz bei der Wiederurbarmachung, insgesamt mit über 1000 Pferdestärken. Fotos Jörg Münzer